1 + 1 = 3

(Curiosidades y anécdotas en torno
al mundo de las matemáticas)

Lamberto García del Cid

Nada me parece más frustrante, más humillante que mi incapacidad, en tanto que analfabeto en matemáticas, para comprender ese reino luminoso de la «belleza-verdad». Siento las inclinaciones matemáticas de la divinidad. No sólo Platón y Descartes, sino también Leibniz y Einstein, comparten la impresión de que la existencia de números primos, cualquiera que sea la naturaleza de esta existencia, o la resolución de la conjetura de Goldbach, se relaciona con el Primer Motor. Este vínculo es más fuerte que cualquier otro propósito humano.
(George Steiner)

No puedo negarlo. Cuando vi por primera vez que la gente de mi país comenzaba a conocer el significado de la notación radical en matemáticas, lágrimas de alegría salieron de mis ojos.
(George C. Lichtenberg)

Como editor de la revista *Advances in Mathematics*, a veces he devueltos trabajos a sus autores recomendándoles que alargasen la introducción. En ocasiones recibía respuestas a vuelta de correo de estos autores en las que me decían que previamente el artículo había sido rechazado por la revista *Annals of mathematics* porque la introducción era demasiado larga.
(Gian Carlo Rota)

Índice

. Introducción

. Salteado de curiosidades

. Las matemáticas visitan el casino

. Matemáticos y, además, excéntricos

. Bibliografía

Introducción

El mundo de las matemáticas, y no me refiero solamente al aspecto disciplinar que trabaja con números y fórmulas, es fascinante. Todo lo que rodea a esta actividad de la exactitud, desde la belleza intrínseca de los teoremas hasta los despistes de los profesionales que los descubren y aplican, es materia de reflexión y de entretenimiento.

Abundan en las matemáticas los hitos, las decepciones, las historias anónimas o con nombres propios, los logros impactantes y los descubrimientos casuales, anécdotas y más anécdotas que, expuestas de modo sencillo y lenguaje asequible, pueden constituir un entretenimiento de primer orden. Es por este motivo que he revuelto en mis archivos, he tomado de aquí y de allá y he confeccionado el presente libro, que contiene pequeñas anécdotas referidas al mundo de las matemáticas y los matemáticos. Engarzadas sin criterio definido, escritas con lenguaje coloquial y suministradas en pequeñas dosis, presento al lector breves vivencias de matemáticos, teorías famosas y no tan famosas, números curiosos, anécdotas divertidas, noticias extravagantes y muchas curiosidades más. Al final incluyo un capítulo especial sobre matemáticos excéntricos.

El libro está pensado para aficionados tanto a las matemáticas como a las curiosidades, para los diletantes que acechan en los intervalos y desdeñan la ayuda délfica, para los coleccionistas de anécdotas de registro múltiple. Incluso para matemáticos, ¿por qué no?

Confío en que la miscelánea que he preparado deje en el lector un retrogusto numérico, que las anécdotas reboten en el paladar intelectual, haciendo de la obra un producto de reserva, de bouquet posmoderno.

En cuanto al extraño título, aclarar que corresponde a una anécdota referida al matemático del siglo XIX Dirichlet. Al parecer Peter Gustav Lejeune Dirichlet (quien sucediera a Gauss como profesor de matemáticas en Gotinga) era, además de distraído, exageradamente lacónico. Cuentase que para comunicar, con retraso, a sus suegros el nacimiento de su primer nieto, recurrió a la siguiente ecuación: 1+1=3. ¿Para qué gastar palabras?

He de advertir, sin embargo, que hay varias versiones de esta anécdota y la que he elegido no es precisamente la mayoritaria. La he visto utilizando la fórmula 1+2=3, pero a mí me parece muy poco original, pues se pierde ese misterio del engendramiento que supone el 1+1=2. También he leído versiones donde es el suegro el que dice que al menos le podía haber enviado la fórmula antedicha. Sea como fuere, mi versión me parece más acertada y queda mejor en un título. Por eso la mantengo.

Y nada más, pasen y lean y calculen.

El autor, en Zaragoza, a 20 abril de 2010
(Revisado enero 2026)

Salteado de curiosidades

☙ El uso del término "matemáticas"

Los pitagóricos, de hacer caso a Anatolio, quien fuera obispo de Leodicea allá por el año 280, fueron los primeros en utilizar el nombre de "matemáticas", que ellos consideraban *"La ciencia"*, lo que es comprensible si se piensa que las matemáticas eran para ellos el conocimiento de los números y de las figuras geométricas, aspectos considerados a su vez como la esencia de la realidad.

☙ Retos matemáticos de la antigüedad

En una obra sobre álgebra del Renacimiento atribuida a un tal Baha Al-Din, se da noticia de 7 problemas que habían permanecido insolubles desde los tiempos antiguos. Estos eran:
1) Dividir el número 10 en dos partes tales que si a cada parte se le agrega su raíz cuadrada, el producto de las sumas es un número determinado. (*Hoy se sabe que la solución pasa por resolver ecuaciones de cuarto grado que pueden tener soluciones enteras para determinados valores del producto dado*).
2) Buscar un número de cuyo cuadrado sumándole o restándole 10, se obtienen cuadrados. (*Imposible*).
3) Hallar dos números tales que el primero sea 10 menos la raíz cuadrada del segundo y éste 5 menos la raíz cuadrada del primero. (*Hoy se sabe que la solución pasa por resolver ecuaciones de cuarto grado sin raíces adicionales enteras*).
4) Descomponer un cubo en la suma de dos cubos. (*Imposible*).
5) Dividir 10 en dos partes tales que su cociente más el recíproco de éste dé por resultado a uno de los números. (*Hoy se sabe que la solución pasa por resolver ecuaciones de tercer grado sin raíces adicionales*).
6) Hallar tres cuadrados en progresión geométrica, cuya suma sea un cuadrado. (*Imposible*).
7) Hallar un número cuyo cuadrado sumándole o restándole ese número más 2, dé siempre un cuadrado. (*Éste es el único problema que tiene solución racional, pues el nr. 34/15 más 2, que es*

64/15, sumado o restado a su cuadrado (1156/225) da como resultado los cuadrados, respectivamente, de 46/15 y 14/15)

☙ Otros problemas que cautivaron a los antiguos fueron:

♣ La cuadratura del círculo. Imposible con regla y compás en la geometría euclidiana. Este problema sólo posee solución en la geometría no euclidiana de tipo hiperbólico.

♣ Problema de la trisección del ángulo con regla y compás. Permaneció sin resolver hasta 1837, cuando Pierre Wantzel dio la prueba algebraica de su imposibilidad.

☙ El número con sangre entra

En el Nordeste brasileño tuvo lugar uno de los episodios más ilustrativos de la fuerza arrasadora de las matemáticas. Ocurrió a finales del siglo XIX y se conoce al episodio como la "revuelta de los quiebraquilos". Los campesinos de una zona limítrofe con los estados de Sergipe y Bahía se levantaron contra el sistema métrico decimal. Asaltaron comercios y rompieron cuantas balanzas encontraban en su interior, pues este sistema foráneo atentaba contra sus modos tradicionales de pesar, de medir y de contar. El ejército nacional masacró a los revoltosos e impuso el sistema métrico en nombre de una pretendida universalidad declarada por la burguesía revolucionaria francesa.

☙ Las matemáticas avanzan que es una barbaridad

Según se revela en el libro *La experiencia matemática*, de Davis y Hersh, el último ser humano que sabía todas las matemáticas fue Alexander Osuowski, que murió en 1915. A finales de los años cuarenta, John von Neumann estimaba que los matemáticos más dotados y bien informados conocían apenas un diez por ciento de los teoremas entonces conocidos. Davis y Hersh concluyen que en el momento en que ellos escriben (hacia 1980) ningún matemático puede conocer más del uno por ciento de la matemática que se ha publicado.

☯ La conjetura de Viaña

Hay un teorema matemático español de un tal Viaña, que apareció en la revista *Carrollia*, que dirige Josep M. Albaigés. Trata de números primos y dice así:

Conjetura de Viaña:

"Cuando te dedicas a pensar en matemáticas debieras hacérmelo saber, porque mientras tú vas sumando mentalmente números primos yo te voy restando, también mentalmente, cualidades".

Advertencia de Isabel, mi mujer, que sufre mal mis tránsitos matemáticos.

(Viaña)

☯ Los números perfectos y los errores de las pautas

Primero aclararé qué se entiende por números perfectos. Por definición, un número perfecto es aquel que es igual a la suma de sus divisores, exceptuado él mismo. ¿Por qué se los denominó "perfectos"? Pues porque en tiempos antiguos se dio a esta propiedad una interpretación divina. Por ejemplo, y como afirmó San Agustín en su libro ***La Ciudad de Dios*** (allá por el siglo IV de nuestra era), Dios creó el mundo en seis días. El 6 es, por lo tanto, un número perfecto ($6 = 3 + 2 + 1$). Según el mismo Padre de la Iglesia, la luna tarda 28 días en dar una vuelta alrededor de la tierra, luego 28 también es un número perfecto:

$$28 = 1 + 2 + 4 + 7 + 14$$

Los cuatro primeros números perfectos son: 6, 28, 496 y 8128.

Pues bien, de un examen superficial de los primeros cuatro números perfectos: 6, 28, 496, y 8128, se podría conjeturar que el n número perfecto tendría n cifras, pero sería falso. El siguiente número perfecto es 33.550.336. Podría entonces conjeturarse que el último dígito de este tipo de números alterna del 6 al 8, pero de nuevo se cometería un error:

el siguiente número perfecto es 8.589.869.056. Entonces trataríamos de cambiar la conjetura diciendo que los números pares perfectos acaban o bien en 6 o bien en 8. Y entonces hubiéramos acertado. El siguiente número perfecto es 8.589.869.056.

❧ Anécdota de Arquímedes

El carácter desconfiado de Arquímedes queda reflejado en la siguiente anécdota, que figura en el prefacio de su libro *Sobre las espirales*. Cuenta el sabio griego que envió a sus amigos de Alejandría, por separado y uno a cada uno, los enunciados de sus últimos teoremas sin demostración. Más adelante les escribió informándoles que había dos teoremas falsos y que si alguno se hubiera apropiado de la autoría de tales teoremas, naturalmente sin demostrarlos, hubiera pretendido descubrir lo imposible. Después les envió las demostraciones correctas de los teoremas.

❧ Historia apócrifa, pero imposible, aunque deseable

Cuenta Joseph Mazur en su libro *Euclid in the Rainforest*, que cuando él era universitario circuló por la comunidad matemática una historia apócrifa sobre un desconocido genio matemático. Al parecer, este genio, un estudiante de la Universidad de Princeton allá a comienzos de los años 1950, llegó tarde a clase. El profesor había escrito en el encerado una lista con los diez problemas matemáticos más importantes todavía sin resolver. Este estudiante copió los problemas creyendo que se trataba de los deberes para hacer en casa. Al día siguiente, en clase, se disculpó algo avergonzado con el profesor diciéndole que había resuelto nueve de los diez problemas que puso en clase pero que no había podido con el otro. Lo que pretendía mostrar esta historia apócrifa eran dos cosas: la primera, el talento de los genios por descubrir; la otra, que uno logra mayores éxitos cuando no tiene la desventaja de conocer de antemano la dificultad del empeño.

🌑 Algunos hitos de las matemáticas

1489. El matemático alemán Johann Widmann d'Eger introduce los signos «+» y «-», en sustitución de las letras «p» y «m», iniciales respectivamente de *piu* («más») y de *minus* («menos»), utilizadas hasta ese momento para expresar la suma y la resta.

1525. El matemático alemán Christoph Rudolff introduce el símbolo de la raíz cuadrada: √(que constituye una abreviatura de la letra «R», inicial del nombre latino del radical).

1557. El matemático inglés Robert Recorde introduce el símbolo de la *igualdad* "=".

1582. Simon Stévin da el paso decisivo que conducirá a la notación actual de los números decimales. Escribe: 679 (0) 5 (1) 6 (2) donde nosotros hoy escribimos 679,56, simbolizando de este modo el número compuesto por 679 unidades enteras, 5 unidades decimales de primer orden y 6 unidades decimales de segundo orden.

1591. El matemático francés François Viete introduce una *notación literal en las expresiones algebraicas,* representando las incógnitas por vocales (A, E, etc.) y las constantes indeterminadas por consonantes (B, C, etc.).

1592. El italiano Magini perfecciona la notación para las fracciones decimales sustituyendo introduciendo un punto colocado entre la cifra de las unidades y la de las decenas: 679.56 (para 679,56). Nace así la notación del punto decimal que todavía se emplea en los países anglosajones.

1594. El matemático escocés John Napier of Merchiston, conocido por el nombre de Neper, descubre la correspondencia entre los términos de una progresión geométrica y los de una progresión aritmética, que dará origen a los *logaritmos.* El mismo Neper publicó en 1614 la primera tabla logarítmica (con base *e*), dando origen a lo que hoy se conoce como logaritmos neperianos, en su honor.

1615. El matemático inglés Henry Briggs construye una *tabla de logaritmos* decimales (en la cual el logaritmo de 10 es igual a 1) para los primeros treinta y un mil números enteros con catorce decimales.

1632. El matemático inglés William Oughtred introduce el símbolo de la *multiplicación:* x.

1670-1684. El matemático inglés Isaac Newton y el filósofo y matemático alemán Gottfried Wilhelm Leibniz, ambos separada e independientemente, establecieron los fundamentos del *cálculo infinitesimal* moderno.

1760. El matemático alemán Johann Heinrich Lambert demuestra la *irracionalidad* de "pi" y de "*e*".

1829-1854. El matemático ruso Lobatchewski (1829), el matemático húngaro Bolyai (1833) y el matemático alemán Riemann (1854) definen las *geometrías no euclidianas.*

1847-1854. El matemático británico George Boole publica sucesivamente su *Análisis matemático de la lógica* (1847) y sus *Leyes del pensamiento* (1854), donde se confirma como uno de los promotores de la lógica matemática contemporánea y donde define operaciones lógicas en forma de un álgebra elemental, hoy conocida por el nombre de *álgebra de Boole.*

1873. El matemático francés Charles Hermite demuestra la *trascendencia del número «e».*

1882. El matemático alemán Ferdinand van Lindemann demuestra la *trascendencia del número «pi».*

1882-1883. El matemático alemán nacido en Rusia Georg Cantor descubre los *números «transfinitos»* y las nociones de *potencia numerable* y *del continuo,* y vislumbra claramente las ideas fundamentales de la *teoría de conjuntos* y de la *topología* modernas.

1931. El matemático y lógico de origen austriaco Kurt Gödel establece que una aritmética no contradictoria no podría formar un sistema completo, ya que implica necesariamente una proposición que no se puede decidir.

EL MAYOR NÚMERO PRIMO PALINDRÓMICO CONOCIDO

Fue descubierto por Harvey Dubner en 1991, y responde a la expresión:

$$10^{11.310} + 4.661.664 \times 10^{5.652} + 1$$

Designando, para abreviar, 0_{100} como 100 ceros seguidos, el número es:

$$10_{5651}466166640_{5651}1$$

Matemáticas clasistas

Licurgo, el mítico legislador de Esparta, desterró de Lacedemonia la proporción aritmética por ser democrática y populachera e introdujo la geometría, que conviene a *una oligarquía prudente* y *a una realeza legítima.* Al parecer Licurgo consideraba la geometría como una actividad de las clases altas, en tanto la aritmética era propia de la chusma.

El matemático y el aristócrata

Isaac Barrow fue el profesor de Isaac Newton. Se dice que dejó la "Lucasian Chair" de matemáticas para que Newton tuviera un puesto a la altura de sus conocimientos. Barrow no se llevaba muy bien con el protegido del rey, el Earl de Rochester. La enemistad era recíproca. Un día se encontraron ambos en la corte, y entre ellos tuvo lugar la siguiente conversación:

Earl: "Doctor, soy suyo hasta los cordones de los zapatos".
Barrow: "Mi señor, soy suyo hasta el suelo".
Earl: "Doctor, soy suyo hasta el centro".
Barrow: "Mi señor, soy suyo hasta las antípodas".
Earl: "Doctor, soy suyo hasta el más profundo de los pozos del infierno".
Barrow: "Y allí, mi señor, le dejaría".

El último teorema de Fermat

Pierre Fermat (1601-1665), jurista de profesión, es considerado el matemático aficionado más grande que haya existido jamás. A él se debe un teorema que hasta hace poco ningún matemático, (en los últimos tiempos incluso ayudándose con todos los medios informáticos disponibles), había demostrado que fuera falso o verdadero. El teorema es muy sencillo. Afirmó

Fermat que, si "n" es un número entero mayor que 2, no existen números naturales X,Y,Z tales que:

$$X^n + Y^n = Z^n$$

Parece ser que Fermat sí conocía la respuesta, al menos eso escribió en el margen de un libro de aritmética (en concreto al lado del problema número 8 del Libro II de la **Aritmética** de Diofanto), pero desgraciadamente, añadía de su puño y letra, el margen del libro era demasiado reducido para poder escribir en él esa prueba. Y dejó a los siglos venideros *in albis*. Ningún matemático hasta fecha muy reciente había podido demostrar que el teorema fuera falso o no. No daban con la "maravillosa prueba" que Fermat aseguraba haber encontrado. Hasta que finalmente, en 1994, fue demostrado por el matemático inglés Andrew Wiles. El problema ha durado más de tres siglos.

El premio Paul Wolfskehl

Paul Wolfskehl fue un matemático aficionado que en 1908 dotó un premio de 100.000 marcos para quien resolviera el último teorema de Fermat, importe que superaba el premio instituido por la mismísima Academia Francesa de Matemáticas. Wolfskehl, un industrial de Darmstadt y matemático aficionado, aseguraba que debía su vida a la teoría de números en la misma medida que Euclides debía su muerte a la geometría. Desdeñado por la mujer de sus sueños, Wolfskehl se deprimió hasta el punto de considerar el suicidio como la única salida para sus cuitas. Hombre de costumbres compulsivas, se propuso dejar todas sus cosas en orden antes de concertar el día exacto para volarse la tapa de los sesos. Arreglados sus asuntos mundanos, a pocas horas de su cita con la muerte, para entretenerse, Wolfskehl fue a su biblioteca y hojeó varios libros de matemáticas. En uno de esos libros se topó con el último teorema de Fermat. Se enganchó tanto tratando de resolver el problema que se le pasó el momento de suicidarse. Comprendió que enfrentarse a problemas matemáticos merecía más la pena que el amor de una mujer difícil. Wolfskehl se convirtió en un

aficionado a las matemáticas, llegando a establecer el referido premio
para quien hallase la solución al problema planteado por Fermat.

☯ Diez dedos para aprender a contar

Nuestros diez dedos han sido, al parecer, fundamentales para que el hombre adquiriera gradualmente el concepto de contar. No es, pues, casualidad que nuestros escolares todavía aprendan a contar de esa manera y que nosotros mismos recurramos a veces a esos gestos para hacer hincapié en nuestras opiniones. Huellas de este proceder pueden hallarse en lenguas primitivas. Así, en la lengua "ali" de Centroáfrica, los números 5 y 10 se dicen, respectivamente, *moro y mbouna*; el primer vocablo tiene como origen etimológico «la mano», y el segundo proviene de una contracción de *moro* ("cinco") y de *bouna*, que quiere decir «dos» (por tanto, *diez* = «dos manos»).

El perro de Newton

Isaac Newton y el matemático John Wallis eran amigos. Según el diario de Newton, éste fardó de su pequeño perro Diamond. "Mi perro sabe algo de matemáticas. Hoy ha probado dos teoremas antes de comer".

"Su perro debe ser un genio", replicó Wallis.

"Oh, yo no diría tanto", dijo Newton, "El primer teorema tenía un error y el segundo una excepción patológica".

☯ Contar en verso

Los indios eran muy aficionados al verso y esta afición impregno incluso el terreno de las matemáticas. No era infrecuente encontrar tratados de astronomía o matemáticas en forma de verso, incluso problemas de cálculo, como el que sigue:

Un collar se rompió durante unos embates amorosos.

Una tira de perlas entonces se escapó.
Un sexto de las mismas al suelo cayó.
Un quinto, sobre la cama se quedó.
Un tercio, la joven dama salvó.
La décima parte, el amante retuvo.
y seis perlas en el cordón quedaron.
Di cuántas perlas tenía el collar de estos dichosos.

Se trata del enunciado de un problema de aritmética tal como lo recoge el *Lilavati*, célebre tratado de matemáticas en forma de poemas debido a Bhaskaracharya (en 1150). Lilavati es el nombre de la hija del matemático.

☯ ¡Noli turbare circulos meos!

Arquímedes, durante el período de asedio que sufrió la ciudad de Siracusa, en la que residía, inventó ingeniosos artilugios y máquinas de guerra para mantener alejado al enemigo: catapultas, dispositivos con espejos para incendiar las velas de las naves romanas, etc. Inventor distraído, se concentraba tanto en su labor que apenas era consciente de lo que pasaba a su alrededor. Al final, los invasores romanos tomaron la ciudad. Los legionarios incendiaron Siracusa, pero tenían órdenes del cónsul Marcelo de atrapar vivo a Arquímedes. Un soldado fue a buscarlo a su casa. Arquímedes se encontraba en esos momentos en su jardín, dibujando en el suelo figuras geométricas, ajeno a la suerte de la batalla. El legionario romano le ordenó que lo siguiera a la vez que pisaba los dibujos del insigne matemático. Arquímedes le increpó furioso: "¡No desordenes mis círculos!" (*Noli turbare circulos meos*). El legionario, ante la insolencia del geómetra, le dio muerte en el acto. El cónsul Marcelo sintió mucho la muerte del genial matemático y consideró al soldado que lo mató como un sacrílego. Más tarde honró a los familiares de Arquímedes.

CAMINO HACIA EL UNO

Se trata de un juego un poco tonto, la verdad, pero entretenido, o al menos curioso. Se trata de tomar cualquier número entero y practicar con él tres sencillos pasos:

1. Si el número es par, dividirlo por dos.

2. Si el número es impar, multiplicarlo por 3 y añadirle 1

3. Repetir el proceso hasta llegar al 1.

Comencemos. Supongamos que empezamos con el 17. Como es impar lo multiplicamos por 3 y le añadimos 1. Obtenemos el número 52. Dividimos por dos y obtenemos 26. Volvemos a dividir por dos y obtenemos 13. Como 13 es impar, lo multiplicamos por tres y le añadimos uno. Obtenemos 40. Dividimos por dos y obtenemos 20, que a su vez da 10 al dividirlo por dos, que a su vez se convierte en 5 al dividirlo de nuevo por dos. Como cinco es impar, lo multiplicamos por tres y le añadimos 1. Obtenemos 16. Como es par, lo dividimos por dos, que nos da 8, que al dividirlo de nuevo por dos (es par), nos da 4, que al dividirlo por dos nos da 2 que al dividirlo por dos nos da la unidad buscada. Podemos realizar el mismo juego con cualquier otro número e, ineludiblemente, llegamos a la unidad. Si bien no se ha probado para todos los números, ociosos con mucho tiempo y ordenadores de gran capacidad han demostrado que este proceso es cierto al menos hasta el número 317×10^{15}.

☯ Los despistes de Kummer

Ernst E. Kummer (1810-1893) fue un matemático despistado y genial, y generador de anécdotas. Cuéntase que cierta vez se encontraba en clase delante de una pizarra tratando de multiplicar 9 por 7. "Ah", dijo Kummer a sus alumnos, "siete por nueve es, ah, uh...". "61", gritó uno de sus alumnos. "Bien", dijo Kummer, y escribió 61 en la pizarra. "No", gritó otro estudiante, "es 69". "Vamos, vamos, caballeros", dijo Kummer; "no pueden ser ambos números. Debe ser o uno u otro". Paul Erdös contaba esta misma historia con alguna variante. Según Erdös, para multiplicar 7 por 9, Kummer decía: "Hum, el producto no puede ser 61 porque 61 es primo, tampoco puede ser 65, porque es múltiplo de 5, 67 es primo, 69 es muy alto... eso nos deja 63".

☯ Canciller del Tablero

No debe subestimarse al ábaco, ese artefacto de contar con bolas y que no sólo es patrimonio de oriente. En Inglaterra, sin ir más lejos, el uso del ábaco penetró tanto en la conciencia de los calculistas que, incluso cuando ya se utilizaban modernos métodos de cálculo, se siguió verificando con él las operaciones hechas sobre el papel. Hasta una época relativamente reciente, los funcionarios británicos de Finanzas no conocían otro método que el ábaco para calcular los impuestos de sus contribuyentes, y como la mesa sobre la que se realizaban las cuentas se llamaba *the exchequer* ("el tablero"), el ministro de Finanzas de Su Graciosa Majestad la reina Isabel II sigue aún recibiendo la denominación de *Chancellor of the Exchequer* (Canciller del Tablero).

☯ Cálculo con contador de bolas

El ábaco o contador de bolas, cuya utilidad en occidente ya hemos mostrado en el apartado anterior, es la herramienta de cálculo que utilizan todavía muchos pueblos de oriente. Los orígenes de este aparato contador datan del siglo XII de nuestra era. En china este tablero de contar se llama *suan pan* (tablilla de cálculo). Está tan anclado en sus tradiciones que la llegada de las modernas calculadoras ha afectado poco a su uso en este país y en los países de su entorno. En esta área geográfica los comerciantes, los hosteleros, incluso los banqueros, lo prefieren a la calculadora. Es más rápido, y para ellos más sencillo de manejar. Incluso en la ex URSS, el ábaco (allí se le conoce con el nombre de *stchoty),* suele acompañar a las modernas cajas registradoras.

☯ Desafío: Ábaco vs. Calculadora

El 12 de noviembre de 1945, acabada la Segunda Guerra Mundial, tuvo lugar en Japón un torneo singular. Se trataba de enfrentar a un experto en calculadora eléctrica y a un experto en ábaco. Defendiendo la velocidad del ábaco, el japonés Kiyoshi Matsuzaki, campeón de *soroban* de la Oficina de la Administración de Correos. Defendiendo la velocidad de la calculadora, el americano Thomas Nathan Woods, soldado de segunda clase de la 240 Sección Financiera del Cuartel General de las Fuerzas Armadas de Estados Unidos en Japón, considerado "el operador de calculadora eléctrica más rápido del ejército americano en Japón". Los hombres del general MacArthur deseaban demostrar a los japoneses la superioridad de los métodos de cálculo traídos de occidente.

La confrontación se desarrolló en cinco asaltos que comportaban operaciones cada vez más complicadas. Estos fueron los resultados:

Resultados del encuentro:

1ª prueba: Suma de números de 3 a 6 cifras: Vence Matzuzaki
2ª prueba: Resta de números de 3 a 6 cifras: Vence Matzuzaki
3ª prueba: Multiplicaciones de números de 5 a 12 cifras: Vence Woods
4ª prueba: Divisiones de números de 5 a 12 cifras: Vence Matzuzaki
5ª prueba: Diversas operaciones con números de 6 a 12 cifras: Vence Matzuzaki

Cuatro pruebas a favor del ábaco y sólo una a favor de la calculadora. ¿Sorprendente?

☙ La decepción de Lord Kelvin

Lord Kelvin (1824-1907), aunque era físico, era también un matemático de primera. Había sido (para su disgusto) Segundo Wrangler -el estudiante colocado en segundo lugar en el cuadro de honor de la facultad de matemáticas- en Cambridge.

Se cuenta que la mañana que iban a anunciarse los resultados de los exámenes envió a su criado para informarse de «Quién era el Segundo Wrangler», y quedó destrozado cuando oyó, «Usted, señor».

☯ Lord Kelvin sobre Liouville

Uno de los héroes matemáticos de Lord Kelvin fue el francés Joseph Liouville. Un día, impartiendo una lección en Glasgow, preguntó a su clase: «¿Saben qué es un matemático?». Entonces escribió en la pizarra la ecuación

$$\int_{-\infty}^{+\infty} e^{x^2}\, dx = \sqrt{\pi}$$

"Un matemático", dijo señalando la pizarra, "es alguien para el que esto es tan obvio como que dos y dos son cuatro lo es para ustedes. Liouville era un matemático".

☯ La razón áurea como fuente de inspiración

A lo largo de la historia del arte son numerosos los ejemplos en los que las Matemáticas están presentes en las composiciones de muchos creadores. Ya en la antigüedad el número de oro o razón áurea fue marco de composición pictórica y arquitectónica (El Partenón, las esculturas de Fidias, Leonardo da Vinci, en el Renacimiento, Le Corbusier, en época reciente). Más próximos, y conocidos, podemos citar la mayor parte de la producción de M. C. Escher, algunos cuadros de Salvador Dalí, muchas obras del pintor Victor Vasarely, pinturas y esculturas del minimalista norteamericano Sol LeWitt, ciertos diseños de la artista Karen Combs, las casas cúbicas de Piet Blom, las esculturas cúbicas de Bathsheba Grossman, de Agustín Ibarrola, de Bernard (Tony) Rosenthal, etc.

☯ Tales de Mileto aprovecha sus conocimientos matemáticos

Tales es considerado el primer científico y filósofo occidental. Su fama como matemático reposa en el descubrimiento de siete proposiciones geométricas, entre ellas la de que los ángulos de la base de un triángulo isósceles son iguales o que un ángulo inscrito en un semicírculo es un ángulo rectángulo. Algunos matemáticos prefieren destacar, sin embargo, el uso que hizo del método deductivo. Una anécdota que define bien su carácter fue cuando al verlo tan pobre sus conciudadanos le reprocharon que la filosofía (que ese tiempo incluía las matemáticas) no servía para nada. Entonces Tales, tras adivinar, por medio del estudio de los astros, que se aproximaba una buena cosecha de aceitunas, reunió un pequeño capital y durante el invierno se hizo con el alquiler a bajo precio de todos los molinos de Mileto y Qíos para la siguiente temporada. Cuando llegó la gran cosecha, todo el mundo quería alquilar los molinos y tuvieron que aceptar el precio que Tales marcaba, lo que le proporcionó pingües beneficios. Demostrado con esa operación el valor del conocimiento, Tales informó a sus detractores que, no obstante, ése no era el fin de la filosofía. También se le atribuye la predicción de un eclipse solar en el año 585 a.n.e. Todo indica que Tales adquirió sus conocimientos matemáticos en Egipto.

> No hay lugar permanente en el mundo para las matemáticas feas.
> (G.H. Hardy)

☯ Las conjeturas de Goldbach

Christian Goldbach (1690-1764) fue un matemático alemán que llegó a ser profesor de matemáticas en San Petersburgo en 1725. Planteó sus famosas conjeturas en una carta dirigida a Leonhard Euler en junio de 1742. Allí Goldbach conjeturaba que todo número par era la suma de dos primos (conjetura binaria) y todo número impar mayor que 2 era la suma de tres primos (conjetura ternaria). En aquel tiempo se consideraba el uno número primo, pero en las matemáticas modernas (ver sección **3.1.1**) no se considera así, por lo que las conjeturas pasaron a expresarse de esta forma: todo número par igual o mayor que 4 puede expresarse como la suma de dos primos (conjetura binaria); y todo número impar igual o mayor que 7 puede expresarse como la suma de tres primos (conjetura ternaria).

De estas dos conjeturas, la más famosa es la binaria:

Conjetura binaria de Goldbach:
"Todo número entero y par mayor que 2, puede expresarse como la suma de dos primos."

Veamos unos cuantos ejemplos:

$$4 = 2 + 2$$
$$6 = 3 + 3$$
$$8 = 3 + 5$$
$$10 = 3 + 7 \text{ y } 5 + 5$$
$$12 = 5 + 7$$
$$14 = 3 + 11 \text{ y } 7 + 7$$
$$16 = 3 + 13 \text{ y } 5 + 11$$
$$\dots$$

Y se supone que así, progresivamente, se completaría la serie infinita de los números pares.

Planteada en 1742 por Goldbach fue hecha pública por primera vez en 1770 en el libro de Edward Waring *Meditationes algebraicae*. De apariencia sencilla, esta conjetura ha originado miles de artículos matemáticos y ha tenido entretenidos, y aún las tiene, a las mejores mentes matemáticas de los tiempos modernos. Y digo tiene, porque la conjetura, en apariencia tan trivial y pese a que prácticamente todos los matemáticos la consideran cierta, todavía no ha sido demostrada. En resumen: un misterio que ha venido ocupando a los matemáticos durante más de 260 años y puede que lo siga haciendo aún durante mucho tiempo.

En cuanto a la conjetura ternaria:

Conjetura ternaria de Goldbach:

"Todo número entero e impar igual o mayor que 7, puede expresarse como la suma de tres números primos".

Esta conjetura ha sido probada, o casi. En 1923 G. H. Hardy y John Littlewood probaron que existe un número n (desconocido), tal que todo número impar mayor que n puede escribirse como la suma de tres números primos. Ahora la cuestión estriba en conocer el tamaño de n e ir reduciéndolo hasta que desaparezca. Una de las primeras estimaciones de n indicaba que era aproximadamente:

$$((3)^3)^{15} = 3^{14348907} = 10^{6846168}$$

Trabajos más recientes han mejorado, rebajándolo, el valor de n. Así, en 1989, J. R. Chen y T. Wang lo estimaron en

$$((e)^e)^{11503} = 10^{43000} \text{ (aproximadamente)}$$

En 1937, el matemático ruso Vinogradov probó que todos los números impares suficientemente grandes eran la suma de 3 primos.

☺ Cálculo de la superficie de Dios

En su obra *Las Gestas y opiniones del doctor Faustroll, patafísico*, Alfred Jarry termina con un brillante capítulo sobre el cálculo de la superficie de Dios. Jarry obtiene que Dios es igual a cero. Aún existe una prueba posterior: Dios es el punto tangente de cero y el infinito.

La superficie de Dios la volvieron a calcular Georges Petitfaux y Boris Vian partiendo de presupuestos diferentes. Se ve que es un asunto que da mucho juego.

☺ Números y palíndromos

Ser treS, Ser treS, Ser treS

Sí, es seiS
Oré cerO
Soda, Ada, a doS
Soda, rapados, soda para doS
Eco docE
68 a él Ana lea 86
1001=1+999+1=1001
Onu a unO
(Carlos Lopez)

❧ Las matemáticas y el emperador

En 1964 el matemático japonés Heisuke Hironaka ganó la medalla Fields de matemáticas, el más grande galardón en esa disciplina. Todo Japón celebró el evento. Así las cosas, se le concertó una cita con el emperador de Japón. Una parte de la ceremonia consistiría en dar al emperador una breve explicación del hallazgo, que era la solución del teorema de singularidades para variedades algebraicas. Hironaka se tomó en serio su intervención pero le preocupaba que el emperador sólo conociese las matemáticas de bachillerato. Trabajó en una explicación de la resolución de las singularidades en palabras sencillas, utilizando la cúspide de una curva cúbica para ilustrar la idea. Preparó con cuidado unos gráficos clarificadores. En el día señalado, Hironaka se presentó ante el emperador y le dio su pequeña charla. Fueron veinte minutos de hablar pausado y dulce, al final de los cuales Hironaka creyó que había dado al emperador una pequeña idea de lo que eran las resoluciones de las singularidades. Como forma de cortesía, Hironaka se inclinó hacia el emperador y le pregunto si tenía alguna pregunta. El emperador sonrió, levanto un dedo y le dijo: "Sí, una. ¿Qué me dice de la característica p?"

❧ Ilógica lógica matemática

Todos hemos comulgado en las clases de filosofía con la rueda de molino de la lógica. ¿Es eso lógico? No lo sé. Pero sí sé que la lógica no siempre aporta la solución más esperada o eficaz. Miren lo que descubrió Perich:

El área de un cuadrado es el lado al cuadrado.
Sin embargo, el área de un triángulo no es el lado al triángulo.
Para que luego digan que las matemáticas son lógicas

Como dijo alguien (ilógicamente, por supuesto), la lógica es la forma correcta de llegar a la respuesta equivocada, pero sintiéndote contento contigo mismo.

☯ Juan Caramuel Lobkowitz
Juan Caramuel Lobkowitz fue un matemático español del siglo XVII muy conocido en la época y olvidado, sobre todo en España, en la actualidad. Nació en Madrid en 1606 y murió en Vigevano, Lombardía, en 1682. Además de matemático fue filósofo, lógico y lingüista. A él se debe la primera descripción impresa del sistema binario en su *Mathesis biceps* (1670), adelantándose treinta años a Leibniz, el más famoso divulgador de este sistema. Explicó allí el principio general de los números en base n, destacando las ventajas de utilizar bases distintas de la 10 para resolver algunos problemas. Fue también el primer español que publicó una tabla de logaritmos. Otra de sus aportaciones científicas fue, en astronomía, un método para determinar la longitud utilizando la posición de la luna. En trigonometría, propuso un método nuevo para la trisección de un ángulo.

El número más largo conocido que no contiene ceros
El número 2^{86} es el número más largo conocido que no contiene ceros. Más concretamente, 86 es el exponente (n) más grande para el que 2^n no contiene ceros.

☯ Matemáticas y arte

Michael Holt, en su libro **Matemáticas en el arte** (*Mathematics in art*), nos advierte de los muchos puntos de contacto entre el arte y las matemáticas. Eso es obvio en aquellas artes que recurren al espacio o al plano, objetos geométricos o figuras sujetas a la ley de la proporción. Como ejemplo de la pintura matemática destaca a Cézanne, quien sostenía que toda la Naturaleza puede ser representada "por el cilindro, la esfera y el cono". Mondrian, Klee, Escher (el cual decía que las leyes de la simetría eran una de las más ricas fuentes de la creación artística), Duchamp, son otros claros ejemplos. También el op-art, que según el autor referido "se preocupa, por medio de la geometría menos euclidiana, por negar el ojo, por no ser mirado". Por último, está el *Arte mínimo o minimalista* pretende reducir el arte al esqueleto puro que es la matemática. Antes de estos ejemplos tan recientes, advierte el autor la deuda matemática de Leonardo da Vinci, en especial en *La última cena*, o de Durero, el cual anticipó, con su *Esquema geométrico del movimiento humano*, los postulados del moderno constructivismo.

Un caso paradigmático de las matemáticas aplicadas al arte moderno lo constituye el proyecto reciente (1993) del artista Lessick y que él, acertadamente, bautizó: "Nuevas matemáticas". Lessick y unos colegas trazaron, por medio de afeitado, símbolos matemáticos en los lados del cuerpo de un rebaño de ganado lanar en Crest, Francia. El carnero llevaba afeitado un cero en su lado izquierdo y un signo de multiplicación en su lado derecho; la oveja llevaba el signo del infinito afeitado en su lado izquierdo y el signo de división en el derecho. Los demás corderos llevaban rapados un signo + en su lado izquierdo y un – en su lado derecho. Cuando el carnero empezaba a andar, la oveja y los corderos le seguían, de tal manera que si se dirigía a la izquierda, la ecuación mostraría del cero al infinito, mientras que si se dirigía a la derecha, el mensaje desplegado sería el de "multiplica y divide".

☺ Términos matemáticos utilizados por Italo Calvino en sus obras

Pergiorgio Odifredi, en su libro *Juegos matemáticos en la literatura*, tuvo la paciencia de elaborar una lista de términos matemáticos usados por Italo Calvino en sus obras literarias, disciplina por la que sentía una especial atracción:

. *Nuestros antepasados*: ángulos rectos, compases, simetría, triángulos, círculos, ángulos, perspectiva, tablas pitagóricas, escuadras, compases, triángulo isósceles, cuadrados, pirámides, teorema de Pitágoras, geometría secreta, línea quebrada a ángulos, esquema geométrico.

. *Cosmicómicas*: e, π, paralelas, poliedros, ángulos rectos, polinomios, simetría radial, espirales, volúmenes, triángulos, ejes horizontales, verticales y de rotación, sólidos, lados, aristas, ángulos, caras, cubos, octaedros, prismas, poliedros, perímetro, hexágono, elevación al cuadrado, crecimiento exponencial, progresión geométrica, punto fijo, semicírculo, figura regular, hiperpoliedro, esfera, hiperesfera, relación numérica, fórmula algébrica, sumas, múltiples, potencias, factoriales, probabilidades.

. *Palomar*: perpendicular, paralela, ángulo recto, abstracción geométrica de un ángulo, diagramas vectoriales, haces de rectas que convergen y divergen, conjunto, subconjunto, intersección, postulados de Euclides, círculos concéntricos, rectas, círculos, elipses, paralelogramos de fuerzas, diagramas con abscisas y ordenadas, fórmulas algébricas, derivadas, integrales.

☺ Entretenimiento para matemáticos

El famoso matemático Augustus De Morgan se divertía, con su amigo y colega William Whewell, tratando de confeccionar frases que contuvieran todas las letras del alfabeto una sola vez. Lo más que consiguieron concebir fueron frases que dejaban fuera sólo la V y la J, de la que la siguiente es un ejemplo:

I, quartz pyx, who fling muck beds.

Matemáticas modernas
Muestra de evaluación de un ejercicio de ESO
(Orientación para los profesores que deben cambiar el *chip*)

$$
\begin{array}{r}
6 \\
+\ 7 \\
\hline
18
\end{array}
$$

No podemos dudar que el alumno ha escrito correctamente el seis. Incluso podemos apreciar, por su grafía, una seguridad e intención de hacerlo bien. Exactamente lo mismo puede apreciarse en el siete.

Que tiene claro que se trata de una suma no hay duda. Escribe correctamente el símbolo de suma y separa los números del resultado con la raya pertinente.

En cuanto al resultado, vemos:

El uno es correcto.

En cuanto al segundo número... Efectivamente no es ocho. Bien, si lo cortamos por la mitad, observamos que se ha excedido, pues habría escrito el tres reflejado como en un espejo. Es por ello que puede apreciarse que su intención era buena.

Evaluación:

Del resultado del conjunto de estas evaluaciones se deduce que:

. Su **actitud** es buena (lo ha intentado)

. Los **procedimientos** son correctos (ha ordenado los elementos correctamente)

. En **hechos** y **conceptos** sólo se ha equivocado parcialmente en uno de los seis elementos que forman el ejercicio. Esto es casi excelente.

Por tanto, podemos darle honestamente un NOTABLE y decir que PROGRESA ADECUADAMENTE.

☯ **¿Dónde está el Premio Nobel de matemáticas?**

Alfred Nobel, que murió en 1896, legó un fondo de 9.200.000 dólares para instituir premios anuales en las áreas de la paz, literatura, física, química y filosofía. ¿Por qué no creo un premio para las matemáticas, como hubiera sido lógico a la vista del desarrollo de esta disciplina en su época? Parece ser que Nobel discutió con un amigo matemático sueco, del que se distanció y, en previsión de que sería el primer destinatario al premio, no lo estableció. Pero son conjeturas. Como la que decía que un matemático le puso los cuernos, teoría fantasiosa que no tuvo en cuenta que Alfred Nobel no se casó.

☯ Las estadísticas y la Biblia

La historia del censo de David y el castigo subsiguiente (una plaga, tal como recoge la Biblia) tuvo repercusiones negativas para el desarrollo de la estadística en los tiempos modernos (digamos el siglo XVIII). Este miedo a las estadísticas, por ejemplo, impidió la realización de un censo riguroso en Gran Bretaña y sus colonias. Si bien la clase inteligente era consciente de la importancia de contar con un registro de la población inglesa, la clase religiosa, recelosa de Dios, temía que un censo de la población acarreara las mismas consecuencias que el pecado de David. Cuando en 1753 el parlamento inglés debatió la conveniencia de redactar una ley que permitiera llevar a cabo el recuento completo de la población británica, el parlamento recibió miles de cartas que se oponían al proyecto por temor al castigo que se le impuso a David. Un antecedente de este temor reverencial se dio en 1634, cuando el gobernador John Winthrop de la Colonia de la Bahía de Massachusetts, estimó la población en lugar de contarla, argumentando su elección en el dichoso pecado de David. En una carta del 22 de mayo de 1634, Winthrop escribió a sir Nathaniel Rich que "respecto al número de nuestra población, nunca hemos realizado ninguna supervisión detallada de ella, ni pensamos hacerlo, a menos que nos obligue alguna circunstancia apremiante". La razón era que "el ejemplo de David permanece con nosotros". De modo que solo daba una estimación: "La estimo en un total de 4.000 almas o más".

☯ Jesús y las parábolas

Estaba Jesús predicando y dijo a sus discípulos:

$$y = ax^2 + bx + c$$

¿Y eso qué es? Dijo uno de los discípulos.

A lo que Jesús respondió: ¡Una parábola!

El poder de la línea recta

Black Elk, un sioux oglala, achacaba la derrota de su pueblo frente al colonialismo blanco al poder mortal de la "línea recta" y a su necesidad de "cuadrar" el universo.

☯ La conjetura de Kepler

En 1611 Kepler manifestó, sin ofrecer prueba alguna, que el empaquetamiento más denso de esferas es el denominado "cúbico de caras centradas" o "cúbico centrado en las caras", como más guste. Esta es la disposición que se utiliza cuando construimos una pirámide de naranjas por el procedimiento de poner en un plano tres naranjas, cada una tocando a las otras dos y añadiendo después, en el plano, nuevas naranjas que hagan contacto con dos de las ya colocadas. Finalmente añadimos un nuevo plano de naranjas en que éstas, siguiendo la norma anterior caigan además en los huecos que quedan en la capa inferior. Y así sucesivamente, aumentando el número de planos. En este empaquetamiento cada esfera intermedia toca a otras 12 y llenan aproximadamente el 74 % del espacio, o más exactamente $\pi/\sqrt{18}$ %.

Hasta recientemente la conjetura de Kepler no había sido demostrada, si bien "muchos matemáticos estaban convencidos", y "todos los físicos sabían" que ésa era la disposición más indicada para el empaquetamiento de esferas. Pero el no haber podido demostrarlo en los casi cuatrocientos años transcurridos desde su planteamiento, fue una humillación constante para los matemáticos.

Finalmente, en 1990, Wu-Yi Hsiang, profesor de geometría en la Universidad de California, en Berkeley, anunció que había probado la conjetura de Kepler. La prueba llenaba 100 páginas, lo que hace difícil comprobar con rigor los diversos pasos. Sin embargo, algunos matemáticos han objetado que la demostración de Wu-Yi Hsiang contiene puntos poco claros y aseveraciones erróneas. En virtud de las objeciones a su manuscrito, Wu-Yi Hsiang prepara actualmente una explicación más abreviada, y por ello más fácilmente analizable, de su prueba.

❧ Organismos humanos ultraespecializados: los calculadores prodigio

Han existido, y existen, individuos con una capacidad extraordinaria de cálculo. Veamos algunos de estos calculadores prodigio:

• **Henri Mondeux** fue pastor nacido en 1826 en Neuvy-Ie-Roi (Indre-et-Loire). Este hombre que no sabía leer ni escribir era capaz de efectuar de memoria complicadas operaciones aritméticas. En 1838, un jefe administrativo de Tours lo llevó a su casa y quiso darle unas clases. Pero su inteligencia se reveló muy mediocre para todo tipo de estudios e incluso para las matemáticas. Presentado a la Academia de Ciencias de París, el 16 de noviembre de 1840, resolvió de manera casi instantánea, y de memoria, los problemas siguientes:

1. Encontrar un número tal que su cubo, aumentado de 84, dé una suma igual al producto de ese número por 37.

2. Encontrar dos cuadrados cuya diferencia sea igual a 133.

• **Zacharias Dase**, nacido en Hamburgo en 1824. Este calculista mental fue estudiado por Carl Friedrich Gauss. Dase multiplicó 79532853×93758479 en 54 segundos. Era capaz de multiplicar números de 20 dígitos en 6 minutos, dos números de 40 dígitos en 40 minutos y dos números de cien dígitos cada uno en 8 horas y 45 minutos. Dase, en 1844 calculó los 200 primeros decimales de Pi en su cabeza. También calculó mentalmente una tabla de logaritmos de 7 dígitos. La proeza que más fama le dio fue el hallar todos los divisores primos para los números comprendidos entre 7.000.000 y 10.000.000. Otra de sus cualidades era que podía dejar el cálculo pendiente mientras dormía y a la mañana siguiente reanudaba el cálculo desde donde lo había dejado.

• **Jacques Inaudi**, nacido en 1867 en Onorato, Piamonte. Desde la edad de siete u ocho años calculaba mentalmente con una facilidad extraordinaria. Fue examinado, en 1880, desde el punto de vista psicológico, por Charcot; Luego en 1892, desde el punto de vista matemático, por Darboux, quien le presentó a la Academia de Ciencias ese mismo año. Allí le hicieron, entre otras, las siguientes preguntas:

¿Qué día fue el 4 de marzo de 1822?

Sustraer 1.248.126.138.234.128.010 de 4.121.547.238.445.523.831

¿Cuál es el número cuyos cubos y cuadrado suman 3.600?

Todos estos problemas fueron resueltos sin que el intervalo entre la pregunta y la respuesta sobrepasara treinta o treinta y cinco segundos. Inaudi procedía, en general, por tanteos, probando números; extraía más fácilmente una raíz sexta o séptima que una raíz cuadrada o cúbica. Sumaba y sustraía de izquierda a derecha.

Mme. de Lingré, en los salones de la Restauración, hacía, según Mme. de Genlis, las más complicadas operaciones aritméticas de memoria, en medio del ruido de las conversaciones.

• Willem Klein, en 1981, extrajo la raíz 13º de un número de 100 cifras en un minuto.

• En una prueba desarrollada hace poco tiempo en el Museo de Ciencias de Londres, el atleta matemático Alexis Claude

Lemaire, francés de 27 años, calculó la raíz decimotercera de un número de 200 dígitos con sólo el uso de la memoria en apenas 70,2 segundos, quebrando su récord anterior de 72,4 segundos.

• Otros calculistas de renombre: El esclavo negro Tom Fuller, del estado de Virginia, que murió a finales del siglo XVIII a la edad de ochenta años, sin haber aprendido nunca a leer ni a escribir; el pastor tirolés Pierre Annich; el inglés Judeiah (o Zerald) Buxton; Bidder, que llegara a presidente de la *Institution of Civil Engineers*, y en parte transmitió sus dones para el cálculo a su hijo George; el pastor siciliano Vito Mangiamello, que poseía, además, una gran facilidad para aprender idiomas; los rusos Ivan Petrov y Mikhail Cerebriakov; el hombre-tronco Grandemange, nacido sin brazos y sin piernas; Vinckler, que fue objeto de una experiencia notable ante la Universidad de Oxford..., y un largo y enigmático etcétera.

☺ Samuel Pepys vuelve a la escuela

Samuel Pepys es recordado, sobre todos, por unos diarios en los que retrata, sin tapujos, todas sus costumbres cotidianas, y por extensión, las de su época. Pepys fue asignado a la marina de guerra inglesa nada más acabar sus estudios en Cambridge. Promovido más tarde a la secretaría del Almirantazgo, recibió en 1662 el encargo de tratar con los proveedores de material para los astilleros. Aun habiendo recibido una instrucción muy completa, Pepys se vio incapaz de realizar los cálculos necesarios para verificar las compras de materiales que llevaba a cabo su departamento, por lo que decidió recorrer Europa para buscar maestros que le enseñaran el arte del cálculo. Finalmente consiguió dominar las reglas de cálculo, que en aquella época recurría a un tablero de complicado diseño. Tanto le gustó el dominio de esas técnicas que quiso involucrar en ella a su esposa. "Mi mujer", escribía en su diario a finales del año 1663, "es ya capaz de efectuar sin dificultad sumas, restas e incluso multiplicaciones. Pero no me atrevo todavía a inquietarle con la práctica de la división".

☯ Las manos acusan

Las manos no sólo constituyeron nuestra primera herramienta de cálculo, sino que también fueron utilizadas para representar números. En ciertos países árabes, por ejemplo, el número 90 y el 30 eran representados de la siguiente forma:

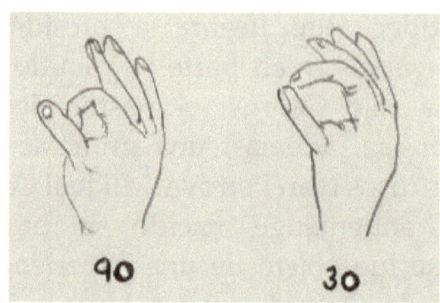

El 90, no creo que haga falta echarle mucha imaginación, representaba frecuentemente el ano (y por extensión el trasero). Al hilo de este uso de las manos, se cuenta que para que sus alumnos recordaran bien los gestos que corresponden a los números 30 y 90, cierto profesor relataba la siguiente anécdota: "Cierto poeta arremetió sutilmente contra un bello adolescente llamado Khalid, diciendo que éste acostumbraba a salir con una fortuna de 90 dirhams y a volver sólo con la tercera parte". El tal Khalid era, según el poeta, homosexual.

☯ Distintas metáforas, distintas matemáticas

Para Emmanuel Lizcano la tradición matemática de herencia griega nos situó en un imaginario en el que la resta se pensaba a la luz de la metáfora de la *sustracción,* y la incapacidad de pensarla bajo otra metáfora impuso durante siglos unos límites y paradojas insuperables al desarrollo de la aritmética. De donde hay -pongamos- 5 podemos restar/sustraer 1, también 2, o incluso 3 ó 4. Al sustraer o extraer 5 ya empiezan los problemas: el *resto* es nulo, no queda nada. Los matemáticos, para salir del paso optaban por decidir que se trataba de un problema mal planteado.

Según Lizcano basta cambiar la metáfora y el problema deja de serlo. Es lo que según él hicieron los primeros matemáticos chinos, "cuyo imaginario tradicional los llevó a situar los problemas del más y del menos bajo metáforas bien diferentes a las de *adición* y *sustracción*". Para ese imaginario, el *yin* y el *yang* son principios opuestos y aplicaron esta oposición también a los números: hay números *yin* y números *yang*, números negativos y números positivos. Esos números eran del color de los palillos con que se contaba (los unos son negros; los otros, rojos) y no se sustraían unos de otros sino que se enfrentaban como lo harían entre sí los soldados de dos ejércitos. En palabras de Lizcano: "Enfrentados, se van aniquilando mutuamente, cada combatiente rojo se aniquila con uno negro. El número de los supervivientes arroja el desenlace de la batalla, el resultado de la operación. Si es el ejército rojo el más numeroso, el resultado será una cierta cantidad de números rojos (o positivos); si era el negro el que contaba con más combatientes, el resultado será -con la misma naturalidad- el número de soldados negros (números negativos) supervivientes".

Para Lizcano cada metáfora impone sus límites a la posibilidad de contar, de medir, de operar...

Curiosidad sobre el número *e*

Crecimiento vertiginoso de la función exponencial

$$y = e^x.$$

Para		
$x = 0$	$y = 1$ cm.
$x = 1$	$y = 2,7$ cm.
$x = 2$	$y = 1$ m 5 cm
$x = 3$	$y = 220$ m.
$x = 4$	$y = 4800$ Km.
$x = 5$	$y = 9,5 \times 10^{12}$ Km.

☯ Números enormes

Hay números tan grandes que se necesitarían multitud de dígitos para escribirlos. De ahí que se hayan inventado ciertas denominaciones que nos ayudan a expresarlos. Entre ellos está el Googol, que es el 1 seguido por 100 ceros ó 10^{10}. Los googols se utilizan para describir cantidades enormes, tales como los granos de arena de un desierto o la distancia de la Tierra respecto de lejanos planetas o galaxias remotas. El nombre fue acuñado por primera vez por el matemático Dr. Edward Kasner, quien confiesa que tomó prestado el término de su sobrino de 9 años. Su sobrino también fue el designador de un número aún mayor, el Googolplex, que el chaval definió como el 1 seguido de tantos ceros como pueda uno escribir hasta que se le canse la mano. Su tío, más preciso, lo definió como 10 elevado a un Googol: 10^{googol} ó $(10^{10})^{100}$.

Suicidio por matemáticas
De Balbino López, comerciante:"Me mato, señores, porque dos y dos son
cuatro".
(Max Aub, *Crímenes ejemplares*)

☯ El autógrafo de R H Bing

En un momento de descanso durante una reunión matemática, una joven admiradora pidió un autógrafo al famoso matemático R H Bing. Con él en la mano, pidió a Paul Halmos, otro matemático célebre, que le firmara en la misma hoja. Así, tendría en su mano el equivalente matemático de una página firmada conjuntamente por parejas famosas de comediantes o deportistas, como Gilbert y Sullivan, o Ruth y Gehring, o Laurel y Hardy.

Cuando mostró su trofeo a un colega, éste le dijo: "Te doy veinticinco dólares por esa pareja". Pero otro matemático más listo saltó decididamente: "Yo te daré cincuenta si me dejas firmar debajo de las firmas de ellos".

☯ A propósito de R H Bing

Ya que hemos nombrado a este famoso topólogo de la Universidad de Texas, y quizá intrigado el lector por la falta de puntos después de las iniciales, aclarar que este matemático no tenía primer ni segundo nombre. Su nombre real, según los registros oficiales, era R H Bing. No había iniciales y por lo tanto tampoco puntos. A tenor de esta peculiaridad ocurrió que un día Bing tuvo que pedir un visado para viajar al extranjero. Bing cumplimento el formulario dando su nombre como siempre. El formulario le fue devuelto con el comentario de que el Departamento de Estado no admitía iniciales, sino que en el formulario debían constar los nombres completos. Bing contestó por carta diciendo que su nombre era "R only (Solo R)" "H only (Solo H)" Bing. En unas semanas recibió su visado expedido a "Ronly Honly Bing".

Estadísticas con moraleja

La estadística es esa parte de las matemáticas que nos dice que la persona típica tiene una teta y medio pene, o que la ciudad del vaticano tiene dos papas por kilómetro cuadrado. Entre otras cosas. Cosa como las que siguen:

- *Un 10% de los hombres han hecho el amor por lo menos una vez en el ascensor, en las escaleras, o en la calle.*
- *Un 20% de las mujeres quisieran ser hombres.*
- *Un 35% de los niños están enamorados de su profesora.*
- *A un 45% de las mujeres les gusta los tíos con los ojos azules.*
- *Un 46% de las mujeres practican el sexo anal con su pareja.*
- *Un 50% de los hombres se acuesta sin lavarse los dientes.*
- *Un 65% de las mujeres prefiere hacer el amor por la mañana.*
- *Un 90% de los hombres afirma que nunca ha pensado tener relaciones homosexuales.*
- *Un 90% de las mujeres querría hacer el amor en la naturaleza.*

• *Un 99% de las mujeres nunca ha hecho el amor en la oficina.*
CONCLUSIÓN DE LA ESTADÍSTICA*:*
Hay más probabilidades de tener sexo anal con una mujer en el bosque por la mañana sin haberse lavado los dientes la noche anterior, que follar por la tarde en la oficina.
MORALEJA:
No te quedes hasta tarde en el trabajo. ¡No compensa!

☯ Matemáticas al estilo socrático

Dos matemáticos están discutiendo en un bar. Uno de ellos sostiene que la gente no sabe nada de matemáticas, mientras que el otro argumenta que todo el mundo está preparado para resolver problemas matemáticos. El defensor de que la gente es mayoritariamente ignorante en matemáticas se va al cuarto de baño y el otro aprovecha su ausencia para llamar a una camarera rubia. Acudida la chica, el matemático le dice:

-Mire, ¿me puede hacer un favor? Dentro de un rato le haré una pregunta, y usted me tiene que responder "un tercio de x al cubo".

-Un cubo ¿de qué?

-No, "un tercio de x al cubo".

-¿Un trozo de queso en cubos?

-No, "un tercio de x al cubo", repita.

-¿Un tejido de equis en cubos? ¡No tiene sentido!

-No, no, fíjese, lo está diciendo mal, es "un tercio de x al cubo".

-¿Un tercio de x al cubo?

-Si !Eso es! No lo olvide, por favor.

La camarera se aleja repitiendo en voz baja "un tercio de x al cubo", "un tercio de x al cubo". Cuando el otro matemático vuelve, el que se había conchabado con la camarera le dice:

-Mira, para que veas que tengo razón, vamos a hacerle una pregunta matemática compleja a cualquiera de este local, por ejemplo, a esa camarera rubia, y verás cómo sabe la respuesta.

-Vale. Llámala.

-¡Oiga, camarera, por favor!

-¿Si?

-¿Usted sabe cuánto es la integral de x al cuadrado?

-¡Ah...! Un tercio de x al cubo... más la constante de integración.

◉ Reglas de divisibilidad

He aquí unas sencillas reglas de divisibilidad que permiten prescindir del lápiz y el papel, o de la calculadora.

Divisibilidad por 2:

Un número es divisible por dos si, y sólo si, el último número es par. Es la segunda regla más sencilla.

Divisibilidad por 3:

Se suman las cifras del número en cuestión. Si el resultado posee más de una cifra, se vuelven a sumar. Así se continúa hasta obtener un número de una sola cifra. Si esta cifra final (llamada raíz) es un múltiplo de 3, el número es divisible por tres.

Ejemplo: 192, ¿es divisible por tres? Veamos: 1 + 9 + 2 = 12; 12 = 1 + 2 = 3. Luego sí es divisible.

Divisibilidad por 4:

Un número es divisible por cuatro si, y sólo si, el número formado por sus dos últimas cifras es divisible por 4.

Divisibilidad por 5:

Un número es divisible por cinco si, y sólo si, termina en 0 ó en 5. Ésta regla es la tercera más sencilla.

Divisibilidad por 6:

Un número es divisible por seis si, y sólo si, es un número par cuya raíz (ver divisibilidad por 3) es divisible por 3

Divisibilidad por 8:

Un número es divisible por 8 si, y sólo si, el número formado por sus tres últimas cifras es divisible por 8. Esta regla, a veces no tan sencilla, puede simplificarse sabiendo que:

. Un número es divisible por 2 si su último dígito es divisible por 2

. Un número es divisible por 4 si los dos últimos dígitos forman un número divisible por 4

Entonces podemos construir un atajo y decir: "De las tres últimas cifras de un número, cualquier número (puede tener los dígitos que quiera), añade a los dos primeros dígitos la mitad de su último dígito. Si la suma es divisible por 4, el número es divisible por 8".

Ejemplo: Sea el número 15.592. Con sus tres últimas cifras (592), procedemos como hemos indicado: 59 + 1 = 60; 60/4 = 15; luego es divisible por 8. Comprobación: 15.592 : 8 = 1.949.

Divisibilidad por 9:
Un número es divisible por 9 si, y sólo si, su raíz numérica (ver divisibilidad por tres) es 9.

Divisibilidad por 10:
Un número es divisible por diez si, y sólo si, termina en 0. El colmo de la sencillez.

Os habréis percatado de una omisión en la lista, la del número 7. El siete es el único número para el que no se ha encontrado una regla práctica de divisibilidad. Se han diseñado curiosas pruebas del 7, pero llevan tanto tiempo que resulta más breve, y sencillo, realizar la división y comprobarlo.

⊛ Los números primos en la naturaleza
Algunos insectos como las *chicharras* (*magicicada septemdecim*) poseen ciclos reproductivos en años que son números primos (aquellos que sólo son divisibles por sí mismos y por la unidad). La razón que arguyen los naturalistas es que de esa manera sus enemigos no pueden programar estos ciclos (época en la que se encuentran más indefensos), y así logran un mayor grado de supervivencia. Normalmente los depredadores suelen aparecer cada dos, tres o cuatro años, o incluso son capaces de adaptar sus apariciones para que coincidan con los ciclos de sus presas. Si el ciclo reproductivo es número par, existen muchas probabilidades de que un depredador pueda acompasar sus fases con las de este animal y se les venga encima en uno de los

períodos de apareamiento. Pero eligiendo números primos (estos suelen ser de trece años o diecisiete, nunca de quince o dieciséis), es sumamente difícil que sus enemigos creen pautas periódicas para coincidir con tales períodos de indefensión.

☯ ¿Te quedas a cenar? Pues avisa a tu esposa

El matemático Abram Besicovitch vivió en una época donde las llamadas de teléfono, en particular las de larga distancia, eran consideradas un lujo. Era poco frecuente que alguien llamara por teléfono para anunciar su visita. Simplemente uno se presentaba en casa de un amigo y llamaba a ver si estaba. Así las cosas, un buen día, el matemático Abram Besicovitch cogió el coche y fue a visitar a un amigo matemático. El viaje duró dos horas pero por suerte su amigo estaba en casa. Se abrazaron amigablemente, pasaron al salón y allí se pusieron a hablar de cuestiones matemáticas. Después de un largo rato, el anfitrión dijo: "Bueno, Abram, es hora de comer y me imagino que estarás hambriento. Pasemos a la mesa". Comieron y luego reanudaron su charla matemática. Cuatro o cinco horas más tarde, el amigo le anunció que era hora de cenar y que si se quería acompañarlos. Besicovitch dijo que sí. Entonces su anfitrión le dijo: "¿No sería conveniente que llamaras por teléfono a tu mujer? Seguramente estará preocupada por ti. Quizás esté preparando la cena. Y Besicovitch respondió: "No, no está preocupada. Está esperando en el coche".

☯ Inexactitud de fechas

El matemático alemán Richard Dedekind (1831-1916) fue estudiante de Gaus en Gotinga. Después de que se retirase de la enseñanza, vivió una vida tranquila sin casi ver a nadie. Tal es así que el *Anuario de la Sociedad Alemana de Matemáticas* publicó una noticia en la que se le daba por muerto, incluso se especificaba el día, mes y año de su defunción. Conocedor de la noticia, Dedekind escribió al anuario diciendo: "En su comunicado, página tal y tal del Anuario, y en lo referido a la fecha, al menos el año está equivocado".

✆ Efecto anclaje en los números

Con los cálculos numéricos ocurre un curioso efecto de anclaje, sobre todo con las personas que no trabajan con ellos. Veámoslo con un par de ejemplos. En el primer caso tenemos reunidos a un número de personas alrededor de una ruleta. Lanzamos la bola y ésta cae en el número 45. Entonces a los presentes se les pregunta si el número de países del continente africano supera ese número o está por debajo. Curiosamente, los grupos de personas para los que la bola se ha detenido en un número mayor, dan mayores estimaciones que aquellos en los que la bola se ha detenido en números más bajos. Otro ejemplo es preguntar a un individuo, pidiéndole una respuesta rápida para que no tenga tiempo de hacer la multiplicación, el valor de la operación 8 x 7 x 6 x 5 x 4 x 3 x 2 x 1, o en su forma revertida 1 x 2 x 3 x 4 x 5 x 6 x 7 x 8. Expuesta en su forma primera, las estimaciones son siempre más altas, aunque ambas se quedan lejos del resultado real, que es 40,320.

✆ Números hiperprimos de Queneau

El escritor francés Raymond Queneau bautizó un tipo de número primo como hiperprimo. Un hiperprimo derecho es un número primo tal que si se le borra uno o más dígitos comenzando por la derecha (o bien por la izquierda, en cuyo caso estaríamos ante la presencia de un hiperprimo izquierdo) la parte restante sigue siendo un número primo. Este es, según Queneau, el mayor número hiperprimo derecho: 1.979.339.339; el mayor hiperprimo izquierdo conocido es 12.953. No se sabe si los hiperprimos izquierdos necesariamente poseen un número finito de numerales. Por último, existen números hiperprimos que son a la vez izquierdos y derechos, como, por ejemplo: 3.137.

✆ La conjetura de Eisenstein

El matemático alemán Ferdinand Gotthold Max Eisenstein (1823-1852) propuso que todos los números de la forma:

$$2^2 + 1, ((2)^2)^2 + 1, (((2)^2)^2)^2 + 1, ...$$

eran primos. Esta conjetura todavía no ha sido probada ni en sentido positivo ni refutada. Nuevo reto para los matemáticos.

> Leopoldo Hugo, primo de Víctor Hugo, en 1877 publicó el libro titulado: "Teoría hugodecimal o los fundamentos científicos y definitivos para una aritmeticología universal que contenga... geometría panimaginaria en l/m dimensiones, aritmética en cifras l/m, un Decreto Presidencial Ecuménico relativo al fundamento hugodefinitivo de notación decimal". ¿Para qué añadir más?

☙ La muerte de Euler

En septiembre de 1783, después de calcular la órbita del recién descubierto planeta Urano, Leonhard Euler, considerado el padre de todos los matemáticos, se paró a jugar con su nieto y se bebió una taza de té. Con la pipa en la mano, sufrió un fatal ataque al corazón. Sus últimas palabras fueron: "Me muero".

☙ Paul Erdös y el problema en la pizarra

En 1976, George Purdy y otros matemáticos estaban tomando café en el salón de la universidad de Texas. En la pizarra que quedaba a sus espaldas había un problema de análisis funcional, un campo extraño para Erdös. Purdy sabía que dos matemáticos acababan de dar con una solución del mismo, solución que habían condensado en treinta páginas. Erdös miró hacia la pizarra y dijo: "¿Qué es eso? ¿Es un problema?" Purdy le dijo que sí. Entonces Erdös se acercó a la pizarra y se concentró en los enunciados. Hizo unas cuantas preguntas sobre qué representaban los diferentes símbolos y luego, sin esfuerzo, escribió debajo una solución de dos líneas. Los presentes se quedaron como si hubieran asistido a una sesión de magia.

☯ Gottfried Wilhelm Leibniz y las disputas filosóficas

Leibniz, para quien el número era el amigo adicto del raciocinio, concibió en su momento la esperanza de que incluso las disputas filosóficas tuvieran en el futuro una solución basada en el cálculo matemático. Una vez convertido el universo entero en palabras, signos y símbolos, sería fácil aportar soluciones precisas. Declaraba Leibniz que si alguien, por ejemplo, pusiera sus conclusiones sobre cualquier asunto en duda, simplemente le diría: "Calculemos, señor mío", y echando mano de tinta y papel arreglarían enseguida el asunto.

> *Sólo 3 personas acompañaron los restos mortales de Leibniz.*

☯ El diluvio universal no resiste el análisis matemático

El Génesis asegura que durante el Diluvio "...quedaron cubiertos todos los montes sobre la faz de la tierra..." Si se toma este aserto literalmente, resulta que la capa de agua sobre la tierra tendría entre 5.000 y 6.000 metros de grosor, lo que equivale a más de 2.500 millones de metros cúbicos de agua. Como la misma fuente nos informa que el Diluvio duró 40 días con sus noches, ó 960 horas, la tasa de caída de agua debería ser no inferior a 5 metros cúbicos por hora, suficiente para derribar un avión y, con mayor motivo, para echar a pique un arca cargada hasta los topes de animales.

☯ Prueba de que no existe un número que sea "no interesante"

Algunos números son interesantes. Por ejemplo, el 1 es interesante porque es el primero de los números naturales, el 2 es interesante porque es el único número primo par, el 3 es interesante porque es el primer número primo impar, y así sucesivamente. Pero ¿qué pasa con números como 173 ó 2.379?

Consideremos el conjunto de todos los números "no interesantes". Este conjunto tiene que tener un número menor, que se convierte en interesante precisamente por ser el primer número "no interesante". Siguiendo el razonamiento, se deriva que no existen los números "no interesantes".

Dímelo con cuatro cuadrados

En 1621, Bachet conjeturó que todos los enteros positivos se pueden obtener como la suma de cuatro cuadrados, y verificó la conjetura para todos los números hasta el 120. Sin embargo, la primera demostración completa de que todo número puede expresarse como la suma de cuatro cuadrados se debe al también matemático francés J. L. Lagrange, quien la hizo pública en 1770. Ese mismo año, el profesor Edward Waring, de la Universidad de Cambridge, publicó su libro *Meditationes algebraicae*, en el que conjeturó que todo número se puede escribir como la suma de cuatro cuadrados, de nueve cubos, de dieciséis bicuadrados, etc. Esta teoría fue probada finalmente en 1909 por el matemático David Hilbert.

Ejemplo de números que son la suma de cuatro cuadrados:

$$2 = 1^2 + 1^2 + 0^2 + 0^2$$
$$4 = 1^2 + 1^2 + 1^2 + 1^2$$
$$5 = 2^2 + 1^2 + 0^2 + 0^2$$

....

Incluso los números primos están sujetos a esta regla:

$$47 = 6^2 + 3^2 + 1^2 + 1^2 = 5^2 + 3^2 + 3^2 + 2^2$$

Si el lector quiere entretenerse, ya sabe. Calcule, caballero, por ejemplo, los cuatro cuadrados que sumados dan el número 133. Venga, no sea perezoso. Está bien, ya lo hago yo, pero que sea la última vez:

$$133 = 11^2 + 2^2 + 2^2 + 2^2$$

q.e.d.

☺ **Ada Byron, La reina del Loop**

Los "loops" o bucles, hoy herramienta fundamental de los programadores, fueron inventados hace más de 150 años por una mujer: Ada Byron (1815-1851), la hija de Lord Byron. En 1833 Ada conoció a Charles Babbage, quien diseñaba una máquina de calcular denominada Máquina Analítica (Analytical Engine). Ada, una matemática natural desde los 8 años, fue uno de los pocos que entendieron la visión de Babbage. Pronto iniciaron una estrecha colaboración que hizo de esta extraordinaria mujer la primera programadora del mundo. Al designar los programas para esta *Máquina Analítica*, vio la necesidad de crear bucles y subrutinas. Si bien escribió estas descripciones para la máquina que estaban construyendo, no las publicó con su nombre, pues en esa época, conocida como Victoriana, las mujeres no debían escribir trabajos científicos. Consintió, dados estos inconvenientes, y con el visto bueno de su esposo, en publicarlo con las iniciales A.A.L. La vida de Ada fue un recorrido sobre equilibrios singularmente inestables. Se volvió ludópata, alcohólica y adicta a la cocaína, y murió de cáncer a los 36 años. Todo muy estilo Byron.

❧ ¿Por qué Babbage no descubrió el ordenador?

Y ya que hemos hablado de Ada Byron, o Lady Lovelace, hablemos ahora de su maestro, el insigne Charles Babbage. Babbage llegó a realizar una síntesis tan consistente de su "máquina de diferencias" o *Máquina analítica*, que muchos se preguntarán por qué no logró construirla. Los motivos por los que Babbage no pudo construir su soñada máquina podrían resumirse en los siguientes:

• La experiencia tecnológica y el *know-how* ligado a la puesta en práctica de los instrumentos técnicos, no estaban suficientemente desarrollados en su época.

• Babbage no supo separar la descripción de la máquina de la estructura matemática que le daría "vida". Dicho de otra manera, nunca consideró separar el dispositivo físico de su máquina (hardware) del algoritmo lógico (programa/software) que permitiera el tratamiento de problemas.

• Por último, desde un punto de vista técnico, la memoria de su *Máquina Analítica* era demasiado limitada para permitir grabar de forma física todas las instrucciones de un programa dado.

Su famosa *Máquina analítica* pudo al fin construirse... en 1991, con motivo del 200 aniversario del nacimiento de Babbage. Esta máquina, tal como la soñara este adelantado, se exhibió en el Museo de South Kensington. Es decir, la máquina "precedente" de muchas computadoras existió de hecho mucho después de que éstas existiesen.

☯ El gran matemático y el ajedrez

Un día Joe Kahn, un estudiante de segundo año, estaba en la cafetería del MIT leyendo el periódico cuando se le acercó Norbert Wiener y le dijo: "Joven, ¿usted juega al ajedrez?". Kahn dijo que sí y Wiener le pidió que jugaran una partida. Kahn confiesa que estaba acojonado, seguro de que un matemático de la talla de Wiener le iba a dejar en ridículo. Comenzaron a jugar y después de quince movimientos, Wiener movió su reina de tal manera que Kahn se la podía comer. Kahn se quedó perplejo. ¿Sería una de esas jugadas sagacísimas en la cual se sacrificaba la reina para ganar la partida? Kahn estudió el tablero durante veinte minutos tratando de determinar la estrategia de Wiener. Finalmente, sin encontrar ninguna, le preguntó a Wiener: "Profesor, estoy un poco perplejo. ¿Por qué sacrifica su reina?". Wiener abrió los ojos y dijo: "Oh, dios mío. Es un error. ¿Puedo volver atrás?" Kahn por supuesto le dejó volver atrás. Enseguida quedó claro que Wiener era bastante inepto en el juego del ajedrez y Kahn, ya sin complejos, le ganó enseguida.

Raíz sorprendente:
La raíz cuadrada de 308642 es:
$\sqrt{(308642)} = 555.55557777777333333351111110222222227199999..$
.

☯ El bello problema de las tres circunferencias solitarias

Dibujemos tres circunferencias no alineadas, cada una de distinto tamaño, como si no tuvieran nada en común. Y en principio no se ve la forma en relacionarlas geométricamente. He aquí las circunferencias:

Al verlas tan solas, a alguien se le ocurrió: ¿Por qué no trazamos tangentes comunes a cada par de ellas? Esta sencilla decisión cambió el panorama por completo. Las circunferencias dejaron de estar aisladas para entablar una relación de amistad duradera, pues con ese sencillo tratado descubrieron (oh, maravilla) que los tres puntos de intersección entre ellas **estaban situados en la misma recta**.

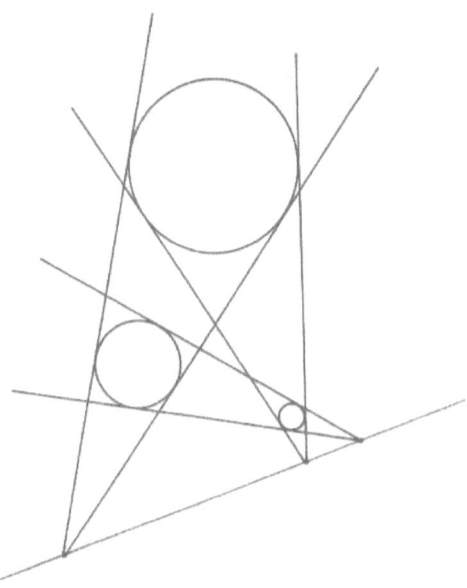

Esta nueva disposición, este engarce de tangentes hizo de las tres circunferencias solitarias un bello todo geométrico.

☯ En busca del número perdido... en Pi.

Existe en Internet un lugar donde uno puede buscar cualquier número significativo en su vida: documento de identidad, teléfono, fecha de nacimiento, etc., y un buscador te dice si esa secuencia numérica se encuentra entre los primeros 200 millones de decimales de Pi. La página web es: http://www.angio.net/pi/bigpi.cgi.

Por ejemplo, mi DNI en orden figura dentro de estos primeros doscientos millones de decimales, en concreto la posición 67.623.845 contado a partir del primer decimal después de la coma. Mi teléfono móvil también está, corresponde a la ristra numérica que comienza a partir del dígito 9.888.131 después de la coma. Si alguien lo quiere, ahí está. También he comprobado que dentro de esta enorme secuencia se encuentra el cumpleaños de mi hijo, el de mi mujer, el DNI de mi hijo y de mi mujer, pero no el teléfono fijo de casa. Les invito a que descubran la posición de sus números más personales en este sitio dedicado a pi.

Entretenimiento matemático para ociosos impenitentes

Insertar signos matemáticos allí donde les plazca entre los dígitos 1,2,3,4,5,6,7,8,9 para hacer que estos sumen 100. Eso sí, los dígitos deben permanecer en el mismo orden indicado. De los cientos de soluciones, la más fácil quizás sea:

$$1 + 2 + 3 + 4 + 5 + 6 + 7 + (8 \times 9) = 100$$

Limitándonos a los signos más y menos, he aquí unos cuantos ejemplos:

$$1 + 2 + 34 - 5 + 67 - 8 + 9 \quad = 100$$
$$12 + 3 - 4 + 5 + 67 + 8 + 9 \quad = 100$$
$$123 - 4 - 5 - 6 - 7 + 8 - 9 \quad = 100$$
$$123 + 4 - 5 + 67 - 89 \quad = 100$$
$$123 + 45 - 67 - 8 - 9 \quad = 100$$
$$123 - 45 - 67 + 89 \quad = 100$$

Este ejercicio también puede realizarse con la serie descendente de los mismos números, a saber:

$$98 - 76 + 54 + 3 + 21 \quad = 100$$
$$9 - 8 + 76 + 54 - 32 + 1 \quad = 100$$
$$98 - 7 + 6 - 5 + 4 + 3 + 2 - 1 \quad = 100$$
$$9 + 8 + 76 + 5 + 4 - 3 + 2 - 1 \quad = 100$$
$$98 + 7 - 6 + 5 - 4 - 3 + 2 + 1 \quad = 100$$

A partir de aquí, y visto lo sencillo que resulta, dejo al lector que busque más ejemplos por su cuenta.

◑ **Cálculo de cuánta tierra firme nos correspondería a cada humano**

De los 148.923.000 Km^2 de tierras no sumergidas por el agua, el 40 % (es decir, 59.569.200 Km^2) no son habitables, porque están cubiertas por hielos perennes, tundra inhóspita, desiertos abrasadores o montañas de cumbres desoladas. Si el 60 % restante (tierras habitadas, cultivables, bosques, sabanas, estepas), es decir 89.353.800 Km^2, se repartiera equitativamente entre los individuos que pueblan la Tierra (6 mil millones), a cada uno le correspondería una superficie de 14.892,3 m², es decir un cuadrado de 122 metros de lado. Pero el reparto actual se ha hecho sin tener en cuenta a las matemáticas, y así nos va.

☙ La obtención de números palíndromos

Para conseguir un número palíndromo (aquel cuyas cifras pueden leerse de derecha a izquierda o de izquierda a derecha sin que varíe el valor) mediante sumas, tan sólo tenemos que añadir a un número su inverso. A veces, la cifra palíndroma sale a la primera, como el siguiente caso:

$$\begin{array}{r} 38 \\ \underline{83} \\ 121 \end{array}$$

Pero con otras cifras no es tan sencillo. En el caso de que no salga a la primera, lo que se hace es sumar al resultado obtenido, su inverso, como en este caso:

$$\begin{array}{r} 139 \\ \underline{931} \\ 1070 \\ \underline{0701} \\ 1771 \end{array}$$

Continuando este proceso el número de veces necesario, siempre llegamos a una cifra palíndroma. Veamos un caso de tres pasos:

$$\begin{array}{r} 48017 \\ \underline{71084} \\ 119101 \\ \underline{101911} \\ 221012 \\ \underline{210122} \\ 431134 \end{array}$$

Acertijo que viene al caso
El cuentakilómetros de un conductor muestra 15.951 kilómetros. El conductor se da cuenta de que es un

53

número palíndromo, es decir, que se lee igual de derecha a izquierda que de izquierda a derecha. El conductor se pregunta: ¿Cuántos kilómetros tendrán que pasar hasta que el cuentakilómetros muestre otro número palíndromo? ¿Podrías ayudarle?

Solución: Sólo tiene que recorrer 110 kilómetros, que sumados a los expuestos darían la cifra 16061, también palíndroma.

◉ El número Pi y los extraterrestres

Una utilidad más *sui generis* de este peculiar número la proporcionó el eugeneticista, psicólogo y diletante inglés Francis Galton (1822-1911): contactar con vida inteligente más allá de nuestro sistema solar. Este singular científico se interesó por la búsqueda de inteligencia extraterrestre. Ideó un código que debería utilizarse para comunicarnos con los "marcianos". Sugirió un sistema ternario: punto, línea oblicua, línea recta, que representarían números. Primero se transmitirían ejemplos de sumas y multiplicaciones y luego cálculos astronómicos que hicieran relación al sistema solar. Una vez que los extraterrestres hubieran entendido el concepto de radio a través de las órbitas planetarias, ellos nos contestarían con el valor del número *pi*. ¿No es fascinante?

◉ Adiós al último teorema de Fermat

23 de junio de 1993 un matemático fue portada de todos los periódicos del mundo occidental. Un joven profesor inglés, afincado en la universidad Princeton, Andrew Wiles, durante un congreso matemático en Cambridge, estaba impartiendo una de tres conferencias con el genérico título de *Formas modulares, ecuaciones elípticas y representaciones de Galois*. Wiles había rellenado varias pizarras y al final, sin ninguna estridencia y con una ligera sonrisa, modestamente dijo: "*creo que lo dejaré aquí*".

Esperó las reacciones del público asistente, unas 200 personas. Al principio no hubo reacción, pero al rato comenzaron a oírse murmullos de sorpresa y las bocas comenzaron a abrirse de incredulidad. Allí en la pizarra estaba la demostración de la conjetura de Taniyama-Shimura, que conducía directamente a la demostración del *Último teorema de Fermat*. Allí estaba, desafiando la credulidad de los asistentes, la solución a un problema que había durado más de 350 años. Definitivamente, ya se podía afirmar que no existen tres números enteros que verifiquen la ecuación
$X^n + Y^n = Z^n$, cuando n es mayor que 2.

Pero la historia tiene su pequeño corolario. Meses después, el matemático Nick Katz encontró que el trabajo de Wiles presentaba un error que invalidaba la demostración. Wiles no se amilanó y al cabo de un año de intenso trabajo volvió a ocupar la portada de los periódicos, pero esta vez, sin ningún error de por medio. Era el 25 de octubre de 1994, un día que pasará a la historia de las Matemáticas. Andrew Wiles presentó su prueba definitiva en dos manuscritos que juntos sumaban unas 130 páginas, trabajo que fue publicado en los *Anales de Matemáticas*.

La hazaña de Andrew Wiles recibió inmensa publicidad. La revista *People* incluyó al matemático en la lista de las 25 personas más interesantes del año. Una empresa le ofreció anunciar pantalones vaqueros y los programas de televisión de sobremesa lo invitaron a sus tertulias, a él, que no veía la televisión. La historia dio también origen a historias cachondas que recorrieron los e-mails de todos los matemáticos del mundo, por ejemplo:

"Chicago, Julio 30. El portavoz del ayuntamiento explicó que los gamberros matemáticos son de lo peorcito, pero que esta vez estaban preparados para contenerlos. Cuando ayer se hizo pública la noticia de la caída del último Teorema de Fermat, las autoridades del Estado sacaron a la calle un enorme contingente de

fuerzas policiales para evitar los disturbios que semejantes triunfos matemáticos suelen originar.

Policías a caballo tuvieron que contener a una masa de seguidores fanáticos de la Universidad de Chicago para que no cruzaran coches en las calles como hicieron cuando en 1967 Wolfgang Haken y Kenneth Appel resolvieron el problema de los cuatro colores. El departamento de matemáticas de la Universidad calificó de aislados los incidentes causados por estudiantes al arrojar libros de texto contra los conductores o sacándoles de sus vehículos para celebrar el triunfo".

Andrew Wiles no pudo obtener la medalla Fields de matemáticas (el equivalente al premio Nóbel en otras ciencias) porque este galardón sólo se concede a matemáticos menores de 40 años (Wiles había nacido en 1953, le sobró un año), pero sí obtuvo el premio de 100.000 marcos que instituyó con este fin el matemático alemán Paul Wolfskehl (ver cuadro anterior), así como el Premio Fermat otorgado por la Universidad Sabatier de París y el premio de la Real Academia Sueca de las Ciencias, y otros que sería prolijo mencionar aquí. Aunque creemos que el mejor premio es la satisfacción de haber solucionado un problema que había traído de cabeza a los matemáticos durante más de tres siglos.

❧ Los peligros de la enseñanza matemática

Un famoso matemático, hijo de un todavía más famoso matemático, y que no nombramos por consideración, estaba un día enseñando cálculo en clase. Un estudiante alzó la mano y le preguntó qué era el infinito. El profesor asintió gravemente y dijo "es como una larga línea que nunca termina". Y para ser más ejemplar en su explicación, tomo una tiza y caminó a lo largo de la pizarra trazando la línea hipotética de la que hablaba. Al llegar a una ventana, no detuvo su caminar y siguió trazando la línea, pero ocurrió que la ventana estaba abierta y el profesor se precipitó por ella y calló a la calle. Los alumnos quedaron estupefactos sin saber qué hacer. Finalmente, uno de ellos se levantó y se acercó a la ventana. El profesor estaba dos pisos más abajo, despatarrado sobre unos arbustos. Afortunadamente apenas sufrió daños.

❷ Número de Graham

El número de Graham, llamado así en honor del matemático Ronald L. Graham, es un número enorme del tipo $3\uparrow\uparrow\uparrow3$, que es el límite superior de la solución a un cierto problema en la teoría de Ramsey. Es el número más grande jamás usado en una prueba matemática, y así figura en el *Libro Guinnes de los récords*. Es mucho más grande que un googol, que un googolplex (ver final del capítulo), el universo observable es demasiado pequeño para albergar la representación digital de este número asumiendo incluso que cada dígito ocupase un volumen de la escala de Plank. No se puede representar, pero se sabe que sus últimos dígitos son: ...2464195387

Recensión curiosa de un libro de matemáticas realizada por
Gian Carlo Rota

The Symmetric Group
B.E. Sagan, Wadsworth: Monterey, CA, 1991.
"A responsable, readable, rational, reasonable, romantic, rounded, respectable, remarkable repertoire of results on a range that has rarely been so rightly reorganized". (**Responsable, releíble, racional, razonable, romántico, redondo, respetable, resaltable repertorio de resultados en un rango raramente y rectamente reorganizado**).

☯ Diderot y Euler se enfrentan a la existencia de Dios

Esta anécdota, al parecer apócrifa, relata un supuesto encuentro entre Diderot y Euler en la corte rusa. Diderot había molestado a la zarina con sus arengas a favor del ateísmo, y ella persuadió a Euler para que la ayudase a librarse del filósofo francés. Diderot fue informado de que un culto matemático estaba en posesión de una demostración algebraica de la existencia de Dios e iba a exponerla delante de la corte. Diderot fue invitado a escucharla. Llegado el momento, Euler avanzó hasta Diderot y le anunció en tono de perfecta convicción:

«Señor: $(a + b)/n = x$, luego Dios existe; ¡responda!»
(Monsieur: $(a + b)/n = x$, donc Dieu existe, repondez!)

Diderot, carente de nociones de álgebra, se mostró desconcertado en medio de la hilaridad de los presentes. Después de ese suceso, solicitó permiso para regresar a Francia, permiso que le fue concedido.

☯ Königsberg y el desmoronamiento de los pilares de las matemáticas

Septiembre de 1930. Kaliningrado (antes Königsberg). Se celebra en esta ciudad una reunión matemática. En esa ciudad que Kant hizo famosa, Euler inventó la teoría de grafos. Allí nació también el eminente matemático David Hilbert, y precisamente en esa reunión de matemáticos se le pensaba conceder el título de ciudadano de honor. En su conferencia, el homenajeado pronunció una frase que se haría bien conocida, algo así como una declaración de principios respecto de su plan de mostrar que no hay problemas insolubles:

Wir müssen wissen, wir werden wissen!
In der Mathematik gibt es kein *Ignorabimus*.
(¡Debemos saber y sabremos! En matemáticas no hay *Ignorabimus*.)

Sin embargo, ocurrió todo lo contrario. En esa misma reunión, un oscuro matemático austriaco llamado Kurt Gödel, anunció por primera vez su hoy célebre prueba de la incompletitud, justo el día anterior a la conferencia de Hilbert. Hilbert no estuvo presente en la exposición de Gödel porque estaba preparando la suya.

Los retos de Hilbert

En su famoso discurso de 1900 en París, David Hilbert enumeró 23 problemas matemáticos que entonces esperaban solución. Éstos eran:
1. El problema de Cantor del número cardinal del continuo.
2. La compatibilidad de los axiomas aritméticos. (Demostrado de forma negativa por Gödel en su 2° teorema de la incompletitud).
3. La igualdad del volumen de dos tetraedros de igual base y altura. (Este problema fue resuelto en sentido negativo por un discípulo de Hilbert: Max W. Dehn, en el mismo año 1900).
4. Problema de la línea recta como la mínima distancia entre dos puntos.
5. Concepto de Lie de un grupo continuo de transformaciones sin el supuesto de la diferenciabilidad de las funciones que definen el grupo.
6. Tratamiento matemático de los axiomas de la física. Principalmente con relación a la teoría de las probabilidades y con la mecánica.
7. Irracionalidad y trascendencia de ciertos números. Hilbert dio dos ejemplos: $2^{\sqrt{2}}$ y e^{π}. Este último problema fue resuelto en 1929 al probarse que es trascendente. El primero se probó también trascendente en 1930.
8. Problemas acerca de números primos (hipótesis de Riemann, conjetura de Goldbach).

---

9. Demostración general de la ley de reciprocidad en cualquier campo de números.
10. Determinación de las condiciones de resolubilidad de una ecuación diofántica. Es decir: no existe ningún algoritmo que, dada una ecuación diofántica, permita decidir en un número finito de pasos, si tiene solución o no. Finalmente fue resuelta por el ruso Yuri Matijasevich en 1970 usando la serie de Fibonacci. El ruso demostró que no puede existir tal algoritmo.
11. Formas cuadráticas con coeficientes numéricos algebraicos.
12. Extensión del teorema de Kronecker sobre los espacios abelianos para cualquier cuerpo de racionalidad.
13. Imposibilidad de la solución de la ecuación general de 7º grado mediante funciones de sólo dos argumentos.
14. Demostración de la finitud de ciertos sistemas completos de funciones.
15. Fundamento riguroso del cálculo enumerativo de Schubert.
16. Problema de la topología de curvas y superficies algebraicas.
17. Expresión de formas definidas mediante cuadrados.
18. Construcción del espacio mediante poliedros congruentes.
19. ¿Son las soluciones de los problemas regulares del cálculo de variaciones siempre necesariamente analíticas?
20. Problema general de los valores de contorno.
21. Demostración de la existencia de ecuaciones diferenciales lineales que poseen un grupo monodrómico prefijado.
22. Uniformización de las ecuaciones analíticas mediante funciones automorfas.
23. Desarrollo ulterior de los métodos del cálculo de variaciones

☯ Sofía Carlota de Prusia, Leibniz y el cálculo infinitesimal

Relata Thomas Carlyle que Leibniz cometió el error de intentar explicar a la reina Sofía Carlota de Prusia el cálculo infinitesimal. La reina rehusó tales enseñanzas porque, argumentó, la conducta de sus cortesanos la había familiarizado tanto con lo infinitamente pequeño, que no necesitaba un preceptor matemático para que se lo explicara.

☯ Caballero y matemático

Janos Bolyais fue un oficial de caballería que, como toda su familia, tenía gran afición a las matemáticas. Este oficial y matemático era conocido por sus habilidades con la espada y el violín, además de su temperamento impetuoso y fácilmente alterable. Una vez retó a duelo a 13 personas al mismo tiempo, con la condición de que tras cada victoria pudiera tocarle al perdedor una pieza de violín. Sólo se calmaba en la soledad de la geometría no euclidiana.

☯ Cálculo matemático y la segunda venida de Dios

El matemático escocés John Craig, en sus *Theologiae Christianae Principia Mathematica* (Londres, 1699), partiendo de la hipótesis de que con el tiempo se debilitan las creencias basadas en el testimonio humano, aseguraba que las revelaciones del cristianismo serían nulas en el año 3150 si antes Cristo no retornaba de nuevo a la tierra. Su discípulo Petersen sostuvo (*Animadversiones*, 1701) que la fecha era 1789. Un impaciente.

Número de Uhler

Se denomina número de Uhler al número de 1001 dígitos 450! (factorial de 450). Fue calculado en los años 1950 por el matemático Horace Uhler. Al darse la casualidad de que tiene 1001 dígitos, también se le conoce por el "factorial de las mil y una noches".

☯ La química y el número *e*.

En química, el número *e* aparece en la ecuación que determina la velocidad de una reacción. Se sabe que un aumento de ésta viene dado por un aumento simultáneo de la temperatura. Esta relación entre la velocidad de reacción y la temperatura fue establecida por Svante Arrhenius en 1889, a través de la expresión que relaciona la constante de velocidad, o constante cinética, con la temperatura:

$$k = Ae^{-Ea/RT}$$

Donde E_a es la energía de activación, R la constante universal de los gases, T es la temperatura y A es el factor de frecuencia de las colisiones. k es la constante cinética, y *e*, por supuesto, el número que estudiamos, el numero de Euler.

☯ Fórmulas logotípicas

La compañía estadounidense *Kingston Technology* (o alguien que utiliza su nombre en vano) ha sacado como logo promocional de su compañía una fórmula matemática de las denominadas logotípica. Es ésta:

Esta otra es más lúdica, pero mantiene la estructura canónica en este tipo de fórmulas:

☯ El valor del cálculo en la antigua China

La anécdota siguiente se remonta al siglo IX de nuestra era. Cierta vez, dos sabios que tenían el mismo rango, los mismos servicios y las mismas recomendaciones en sus informes, aspiraban al mismo puesto. No sabiendo a quién promover, el funcionario responsable consultó con Yang Sun, quien hizo venir a los candidatos y declaró:

- El mérito de los pequeños funcionarios es saber calcular rápidamente; que los dos candidatos escuchen mi pregunta, aquel que la resuelva primero tendrá el ascenso. He aquí el problema: *Alguien que se pasea por el bosque escucha discutir a unos ladrones sobre el reparto de unos rollos de tela que han robado. Ellos dicen que si cada uno tiene seis rollos quedarán cinco, pero si cada uno tiene siete, faltarán ocho. ¿Cuántos ladrones y rollos de tela hay?* (1)

Yang Sun pidió a los dos candidatos que hicieran los cálculos con unos palillos sobre el embaldosado del vestíbulo. Al poco tiempo, uno de los aspirantes dio la respuesta exacta, se le otorgó el ascenso, y los funcionarios se dispersaron asumiendo la decisión.

(1) Para curiosos: Los ladrones son 13 y los rollos robados 83.

☯ Donald Ervin Knuth y la retribución de los errores

Donald Ervin Knuth, (1983, Milwaukee) es un experto en ciencias de la computación e investigador de análisis de algoritmos y compiladores. Knuth es conocido por su peculiar humor: ofrece una *recompensa* de 2,56 dólares a quien encuentre errores conceptuales o tipográficos en sus libros (la razón detrás de la extraña cifra es que «*256 centavos son 1 dólar hexadecimal*»). Es célebre la frase que acompañaba el envío de un trabajo a un colega: "Cuidado con los errores en el código anterior; sólo he demostrado que es correcto, no lo he probado".

Knuth es el autor de *3:16 Bible Texts Illuminated*, libro en el que intenta examinar la Biblia por un proceso de «*muestreo estratificado aleatorio*», es decir, un análisis del capítulo 3, versículo 16 de cada libro. Cada versículo se acompaña de un *renderizado* en arte caligráfico. Como era de esperar, ofrecía 3,16 por errores encontrados en su libro.

☯ Números amigos

Desde la antigüedad se ha convenido en que dos números son amigos si, y sólo si, cada uno de ellos es la suma de los divisores del otro, excluido el propio número.

A los números que cumplen esta condición se les ha atribuido desde lejanas épocas carácter mágico. Los números 220 y 284 son los únicos números amigos que aparecen en los antiguos textos de aritmética. Veamos cómo estos números cumplen la condición:

Divisores de 220: 1, 2, 4, 5, 10, 11, 20, 22, 44, 55, 110 (suman 284)

Divisores de 284: 1, 2, 4, 71, 142 (suman 220)

Ya en la Biblia se dice que Jacob ofreció a su hermano 220 ovejas en un intento de aplacar sus intenciones de matarlo; para los exégetas judíos, 220 es un número mágico.

Estos números también aparecen frecuentemente en los escritos árabes. Por ejemplo, Ibn Khaldun (1332-1406) en su *Prolegómeno histórico*, les reconoce virtudes maravillosas para la confección de talismanes y horóscopos, y también habla de sus propiedades mágicas.

La afición por los números amigos pasó luego a Europa y así, autores del siglo XVI como Chuquet, Etienne de la Roche, Cardano y Tartaglia escribieron sobre este tipo de números. Pero fue el matemático francés Pierre de Fermat (1601-1665) el primero que obtuvo un nuevo par de números amigos. Aplicando una regla que ya en tiempos había obtenido el matemático árabe Abu-l-Hasan Thabit ibn Qurra, Fermat dio, en 1636, dos nuevos números amigos: 17.296 y 18.416. Al tiempo que los divulgó, desafió a Descartes para que encontrase otra pareja, y Descartes, aceptando el reto, lo logró sólo dos años más tarde, en 1638, anunciándoselos a Mersenne por carta. Estos eran el 9.363.584 y el 9.437.056. Dejo al lector tenaz la labor tediosa de desarrollar los divisores.

Euler, el matemático suizo conocido como "El maestro de todos los matemáticos", siguió estudiando este asunto y en 1747 dio una lista de 30 parejas de números amigos, lista que extendió posteriormente a 60. No obstante, en 1909 se comprobó que uno de sus pares era falso, y en 1914, otro. Pero esto no le resta mérito al gran matemático.

Sin embargo, el segundo par más pequeño de números amigos: 1.184 y 1.210, fue descubierto por Nicoló Paganini. Lo descubrió con 16 años en 1866, habiendo sido previamente pasado por alto por Fermat, Descartes e incluso Euler. Y el tercer par más pequeño: 12.285 y 14.595, descubiertos por B. H. Brown en 1939, también pasó desapercibido a los grandes matemáticos anteriores.

Actualmente, con las posibilidades que proporciona la informática, se ha aumentado considerablemente la lista de los números amigos. Hoy se conocen más de 400 de estos números. Pero en los tiempos pretéritos, donde las herramientas se reducían a papel y lápiz, la cosa tenía su dificultad.

Curiosidades finales sobre los números amigos:

. El par de números amigos 17.296 y 18.416 parece que fue descubierto por Ibn al-Banna, mucho antes de que Fermat los redescubriera en 1636.

. La mayoría de los números amigos son, por separado, divisibles por 3. Pero no es una regla general.

◉ **Hasta dónde alcanza nuestra vista cuando nos hallamos a orillas del mar**

Situémonos junto al mar. Midamos la altura a la que quedan nuestros ojos con respecto al nivel del agua. Llamemos a esa altura, en metros, **h**. Pues bien, la distancia que alcanzará nuestra vista en el horizonte, que llamaremos **d**, y mediremos en kilómetros, viene dada por la fórmula:

$$d = 3{,}57 \sqrt{h}$$

◉ **Un problema de simetría**

Un día el matemático del MIT Warren Ambrose (1914-1995) llegó a clase con un cordón de zapato atado y el otro suelto. Al llamarle los alumnos la atención sobre este punto, Ambrose puso cara de sorpresa y dijo: "Cielos, me he atado el izquierdo y he pensado que el otro estaría atado por aplicación de la simetría".

☯ Bertrand Russell y el asombro del filósofo

Un filósofo se asombró cuando Bertrand Russell le dijo que la aceptación de una proposición falsa implica cualquier proposición. El filósofo incrédulo replicó: "¿Quieres decir que del enunciado de que dos más dos son igual a cinco se sigue que tú eres el Papa?" Russell respondió: "Sí". El filósofo preguntó: "¿Puedes demostrarlo?" Russell respondió: "Ciertamente", y lucubró la siguiente demostración:

(1) Supón que $2 + 2 = 5$

(2) Sustrayendo dos de ambos lados de la ecuación obtenemos $2 = 3$

(3) O lo que es lo mismo: $3 = 2$

(4) Sustrayendo uno de ambos lados en la última expresión, obtenemos

$$2 = 1$$

Ahora bien, el Papa y yo somos dos. Puesto que dos es igual a uno, entonces el Papa y yo somos uno. Por lo tanto, yo soy el Papa.

☯ Teorema de la Incompletitud de Gödel

El teorema de la incompletitud de Göedel, uno de los más importantes de las matemáticas del siglo XX, dice así:

"Para cualquier clase k de formula recursiva consistente-ω, existe una clase recursiva signo r tal que ni un υ Gen r ni Neg (υ Gen r) pertenece a Flg (k) (donde υ es la variable libre de r)".

Este teorema apareció en 1931 en su trabajo titulado "Sobre las proposiciones formalmente indecibles en los *Principia Mathemática* y sistemas relacionados". Lo que quiere decir, en términos inteligibles, es que un sistema formal de pensamiento deductivo originará al menos una declaración verdadera en la cual el sistema no puede probar, haciendo por ello incompleto al sistema.

Como este teorema es complejo y difícil de entender (por lo menos para mí) lo expondré en forma de pequeña fábula paradójica, que es como lo expuso el matemático y escritor de ciencia-ficción Rudy Rucker en su libro *Infinity and the Mind*. Es, pese a lo concreto de la fuente, una adaptación personal.

A) Alguien presenta a Gödel a la MVU, una máquina que supuestamente es la Máquina de la Verdad Universal, capaz de responder correctamente a cualquier pregunta que se le formule.

B) Gödel pide los programas y los diagramas de los circuitos de la MVU. El programa, por muy complicado que sea, debe tener una longitud finita. Llamemos a dicho programa P(MVU), o sea, Programa de la Máquina de la Verdad Universal.

C) Sonriendo, Gödel escribe la siguiente frase: "La máquina construida sobre la base del programa P(MVU) nunca dirá que esta sentencia es verdadera". Llamemos a esta sentencia G, por Gödel. Reparad que G es equivalente a "MVU nunca dirá que G es verdadera".

D) Ahora Gödel, riéndose sardónicamente, pregunta a la MVU si G es verdadera o no.

E) Si la MVU dice que la sentencia G es verdadera, entonces "MVU nunca dirá que G es verdadera" es falso. Si "MVU nunca dirá que G es verdadera" es falso, entonces G es falso (puesto que G = "MVU nunca dirá que G es verdadera"). Luego si la MVU dice que G es verdadero, entonces G es de hecho falso, y la MVU ha realizado un falso pronunciamiento. Entonces la MVU nunca dirá que G es verdadero, puesto que la MVU sólo da respuestas verdaderas.

F) Hemos establecido que la MVU nunca dirá que G es verdadero. Luego "MVU nunca dirá que G es verdadero" es de hecho una frase verdadera. Entonces G es verdadero (puesto que G = "MVU nunca dirá que G es verdadero").

G) "Conozco una verdad que la MVU nunca podrá pronunciar", anuncia el señor Gödel triunfante, "Sé que G es verdadera, pero la MVU nunca lo podrá decir. La MVU no es realmente universal".

En resumen, lo que Gödel vino a demostrar es que no todo es demostrable en un sistema formal, que existen en aritmética enunciados verdaderos que nunca pueden ser probados. Y que si alguien lograra dar con una prueba de que la aritmética es consistente, por esa misma razón no lo sería. En fin, cosas de las matemáticas modernas.

> Esta prueba, formulada por el austriaco Kurt Gödel
> en 1931, es uno de los descubrimientos más
> importantes y devastadores de todas las
> matemáticas.
> (J.M. Dubbey)

❧ La serie de Fibonacci y el triángulo de Pascal

El triángulo de Pascal es un triángulo que, contrariamente a lo que su nombre indica, no fue descubierto por Pascal, aunque fue este pensador francés quien lo divulgó en occidente. Se sabe que en la antigüedad el chino Chia Hsien utilizó este triángulo para extraer raíces cuadradas y raíces cúbicas de los números. También se presume que lo conoció el matemático persa Omar Kheyyan (s. XI), autor de los célebres *Rubaiyat*, pues adujo este poeta que poseía un método para extraer raíces cuadradas y cúbicas.

Pero lo que nos lleva a traerlo aquí es la relación de este singular triángulo con la serie de Fibonacci. Si trazamos líneas transversales al citado triángulo, tal como indica la figura:

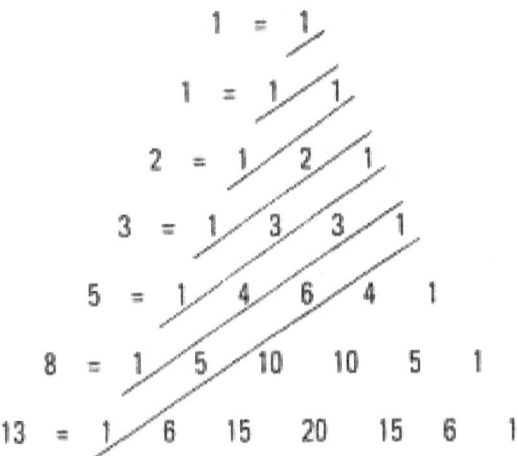

$$1 = 1$$
$$1 = 1 \quad 1$$
$$2 = 1 \quad 2 \quad 1$$
$$3 = 1 \quad 3 \quad 3 \quad 1$$
$$5 = 1 \quad 4 \quad 6 \quad 4 \quad 1$$
$$8 = 1 \quad 5 \quad 10 \quad 10 \quad 5 \quad 1$$
$$13 = 1 \quad 6 \quad 15 \quad 20 \quad 15 \quad 6 \quad 1$$

descúbrese, oh misterios de las matemáticas, que las sumas de estas líneas oblicuas dan, en orden, los números de la serie de Fibonacci.

La silenciosa prueba de que el número 67 de Mersenne ($2^{67} - 1$), que el famoso matemático aseguró que era primo, no lo era.

La prueba ocurrió en 1903, en Nueva York. Era octubre. Una reunión de la Sociedad Matemática Americana. Un matemático desconocido, F. N. Cole, había presentado un trabajo bajo el título: "Sobre la factorización de grandes números". Cuando el presidente de la sociedad llamó al ponente Cole a exponer su tema, éste subió al estrado, se colocó frente a la pizarra y, sin decir ni una palabra, procedió a escribir con tiza el proceso de elevar 2 a la potencia 67. Acabada la operación procedió, con sumo cuidado a restarle 1. Todavía sin realizar ningún comentario, se trasladó a un área limpia de la pizarra y multiplicó, a mano alzada, la siguiente cifra:

193.707.721 x 761.838.257.287

Los dos cálculos coincidían. Por primera vez en la Sociedad, que se recuerde, los asistentes aplaudieron fervorosamente el trabajo que se les presentaba. Cole volvió a su asiento sin haber pronunciado una sola palabra.

Nadie, tampoco, le pidió explicaciones.

❧ El cero y sus orígenes

El cero es un vacío. Es la ausencia de número y su origen es indio. En sánscrito, cero se dice *sunya*, que significa vacío o "en blanco", y fue utilizado ya en el siglo II antes de nuestra era. A occidente llegó con mucho retraso y de manos de los árabes, que lo tradujeron como *sifr*, de donde derivan los vocablos cifra y cero.

En la India, la utilización del cero estaba tan difundida en las costumbres que aparece incluso en poemas y textos sagrados. Por ejemplo, el poeta Biharilal, en su famosa recopilación de poemas *Satsai*, alaba con estas palabras a una bella mujer: "El punto (el *tilaka* ("sésamo"), simboliza para los hindúes el tercer ojo de Shiva, es decir, el del Conocimiento. Mientras que las jovencitas se ponen entre las cejas un punto negro, las mujeres casadas lo llevan de color rojo) que lleva pintado sobre la frente decuplica su belleza exactamente como cuando un cero decuplica un número". Se trata de una clarísima alusión a la propiedad que el cero tiene como operador aritmético en la numeración decimal posicional, puesto que si se añade un cero a la derecha de la representación de un cierto número, se multiplica su valor por 10.

La concepción del cero es un logro de enorme importancia cultural. No es fácil llegar a él. Por ejemplo, los sabios babilónicos nunca concibieron este signo con el sentido de "número cero". El doble clavo o la doble espiga tuvieron la significación de "vacío", pero no parece haber sido pensado en el sentido de "nada" (el que se obtiene de restar la misma cantidad, por ejemplo). Es por ello que en un texto matemático de Susa, el escriba, no sabiendo expresar el resultado de quitar 20 a 20, concluye: *20 menos20... tú ves*. En otras entradas el comentario es más explícito: *"El grano se ha agotado"*.

❧ El origen del primer cuadrado mágico
En el año 2.200 a.n.e., emergió del río Lo una gran tortuga, símbolo de la eternidad. Su lomo presentaba manchas de diferentes colores, que conformaban un dibujo bastante asombroso:

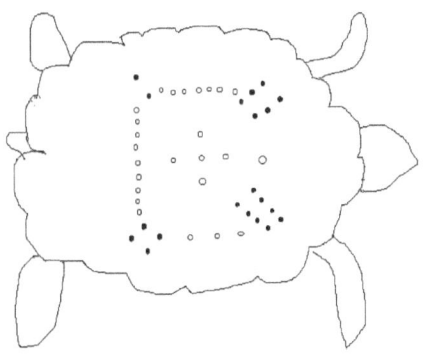

Dibujo sobre el caparazón de la tortuga en el río Lo.

Las manchas eran 9 y, sustituyendo cada una por los números que parecían representar, se obtenía un simple rompecabezas aritmético en el que los números del 1 a 9 estaban ordenados de tal modo que, sumando sus filas, columnas o diagonales, se obtenía la misma cifra: 15. En forma de cuadrado mágico tradicional, tendría esta distribución:

8   1   6

$$3 \quad 5 \quad 7$$
$$4 \quad 9 \quad 2$$

El Gran Yu (en el momento en que la tortuga emergió se estaban secando las aguas del diluvio) tomó a esta tortuga y estudió su extraño caparazón. Su dibujo le inspiró un tratado que tituló *El Gran Plan*, un tratado que fuera un modelo para el gobierno de un reino, y en el que se hablaba de física, astrología, adivinación, moral, política y religión. Esta historia aparece en uno de los cuatro libros canónicos de la China ancestral, el *Shu King* (*Clásico de la Historia*).

☯ La lógica ilógica de Euclides

El filósofo griego Euclides, siguiendo el sendero de una lógica incontestable, propuso que no existe tal cosa como un montículo de arena. Un grano de arena, adujo, no constituye un montículo. ¿Todos conformes hasta aquí? Añadiendo otro grano al anterior, tampoco tenemos un montículo. Lo que significa que el añadir un grano de arena a un conjunto de granos que no constituyen un montículo, no produce por esa adición un montículo. Siguiendo este argumento lógico, por mucho que añadiéramos granos, de uno en uno, a un conjunto de granos que no constituyen un montículo, nunca lograríamos constituir un montículo. De lo que se deduce que no puede formarse un montículo de arena por el procedimiento de añadir granos; o lo que es lo mismo, no existe un punto en el cual podamos decir al añadirle un grano de arena: "antes no había montículo, ahora sí".

Acertijo de lógica retorcida
¿Cuál es el siguiente número de la secuencia?
1, 2, 9, 16, ...?

A primera vista, y guiado por una lógica ingenua de colegial, uno diría que 25, pues supone que la serie refleja los cuadrados, en orden creciente, de los números enteros.

1^2, 2^2, 3^2, 4^2, ...

y que el próximo sería 5^2, o sea, 25.

Pero no, algunos matemáticos son tan retorcidos que nos podrían asegurar que el siguiente número de la secuencia citada es 49. De acuerdo con el matemático retorcido, esos números responderían a la fórmula:

$$(n - 1)(n - 2)(n - 3)(n - 4) + n^2$$

Y sólo habría que ir reemplazando n por 1,2,3,4,5....

☯ Las ventajas de la inferencia matemática

Sin lo que se ha dado en llamar "inferencia matemática", cuando se quería probar que en el mundo existían al menos dos personas con el mismo número de pelos en la cabeza, había que proceder, más o menos, de la siguiente forma: buscar a la persona con menor número de pelos en la cabeza y comprobar que no existe ninguna otra persona con el mismo número de pelos. Si lo hay, la prueba concluye. Si no, se toma a la siguiente persona con el siguiente menor número de pelos en la cabeza y se procede de la misma manera. En un momento determinado, se encontrará a una persona que posea el mismo número de pelos. Mas he aquí que la inferencia matemática acude en nuestra ayuda y nos dice:

. Ningún ser humano alcanza a tener más de mil millones de pelos en la cabeza.

. Hay más de mil millones de seres humanos en la Tierra.

. Dos de ellos, como mínimo, han de tener el mismo número de pelos en la cabeza.

La prueba es concluyente y evita despiojar inútilmente cabezas ajenas.

☯ ¿Es posible en matemáticas llegar a reglas falsas partiendo de datos ciertos?

Supongamos que un aficionado al cálculo, por curiosidad, quisiera confeccionar una regla para determinar la raíz cuadrada de números de cuatro dígitos. Todos sabemos que la raíz cuadrada de un número es otro número que, multiplicado por sí mismo, arroja como resultado el número de partida. Esto es un axioma matemático. Sigamos con nuestro aficionado al cálculo y supongamos que para su análisis elige los siguientes tres números: 2025, 3025 y 9801.

Comencemos con el número 2025. Realizando los cálculos apropiados averiguamos que la raíz cuadrada de este número es 45, o lo que es lo mismo: 45 x 45 = 2025. Pero este aficionado observa, curiosamente, que 45 se obtiene sumando 20+25, que son las dos mitades del número 2025. Lo mismo ocurre con el número 3025, cuya raíz cuadrada es 55. Este número también puede obtenerse sumando 30+25, las dos mitades del número 3025. Y otro tanto sucede con el número 9801. La raíz cuadrada de este número es 99, esto es, 98+01. Si el matemático aficionado sólo contase con estos tres ejemplos y no investigase más, podría llegar a la falsa regla de que la raíz cuadrada de cualquier número de cuatro dígitos puede hallarse sumando los números de sus dos mitades. La regla inferida sería: "Para hallar la raíz cuadrada de un número de cuatro dígitos, divide el dígito en dos mitades y suma los dos números así obtenidos. La suma será la raíz cuadrada del número en cuestión". ¿q.e.d.?

El calculista y la herencia de camellos

Presintiendo el fin de sus días, un anciano camellero del desierto convocó a sus hijos y anuncioles cómo debían repartir los camellos que dejábales en herencia:

- El mayor recibirá la mitad de mi manada de camellos; el segundo, un tercio y el menor, una novena parte.

Muerto el anciano árabe, los hijos se encontraron con que no era tan sencillo cumplir la voluntad de su progenitor, pues la manada de camellos constaba de 17 animales. Los hijos dieron mil vueltas al problema sin hallarle solución. Finalmente acudieron a un anciano nómada con fama de calculista y le plantearon el problema. El anciano, tras meditar unos instantes, les dijo:

- Id a buscar mi camello amarrado junto a mi tienda y añadidlo a vuestra manada. De esta manera haremos 18 unidades. Que el mayor se quede con la mitad, es decir 9 animales, que el segundo tome un tercio, es decir 6, y que el menor tome 1/9 del total, es decir 2 camellos. Esto arroja: 9 + 6 + 2 = 17 animales. Ahora, cumplida la voluntad de vuestro padre, devolvedme mi camello, el que hace el número 18.

Con este reparto los tres hermanos se sintieron felices y con la sensación de haber obtenido algo más que la parte que les correspondía.

☯ La popularidad del hijo de Bonaccio

Fibonacci llegó a ser enormemente popular en su tiempo. Se cuenta que el emperador Federico II viajó a Pisa atraído por su fama. Acudió con un grupo de matemáticos para retar al famoso Leonardo de Pisa, nombre real de Fibonacci. Uno de los problemas que le plantearon a Fibonacci durante este famoso encuentro fue el buscar un cuadrado que permaneciese siendo un cuadrado si el número era incrementado por cinco o minorado por cinco. Después de pensarlo un poco, Fibonacci encontró el número: 1681 / 144, que equivalía a $(41/12)^2$. Si al citado número se le restan 5 unidades, obtenemos: $(31/12)^2$ ó 961/144. Si se le añaden cinco unidades, obtenemos: $(49/12)^2$ ó 2401/144.

☯ La librería de Borges

Borges imaginó una *Librería de Babel* donde se albergasen todos los libros posibles. Para sus cálculos utilizó libros con un promedio de 410 páginas, con 40 líneas por página y 80 caracteres por línea (mayúsculas y minúsculas más signos de puntuación), lo que arrojaba 1.312.000 caracteres por libro. Pero para usar números más redondos tomemos las cifras que da Daniel C. Dennet en su libro *Darwins's Dangerous Idea*: libros de 500 páginas, cada página conteniendo 40 líneas de 50 caracteres cada una, de manera que existan 2000 espacios por página. Cada espacio o bien es blanco o tiene escrito encima un carácter, elegido de un juego de 100 (mayúsculas y minúsculas en todos los idiomas europeos, más el espacio en blanco y los signos de puntuación). Las diferencias con las cifras de Borges no son sustanciales y no desvirtúan lo que queremos mostrar. En algún lugar de esta *Librería de Babel* habría un volumen que contendría en todas sus hojas espacios en blanco y en otro lugar otro lleno de signos de interrogación, y en otro lugar un libro igual que el *Hamlet* de Shakespeare, excepto por una palabra. Otro contendría la completa biografía del lector, desde el momento de su nacimiento hasta el de su muerte. La mayoría de los libros, no obstante, serían pura faramalla de palabras, revoltijos de caracteres sin sentido. 500 páginas a 2000 caracteres cada una, arrojan 1.000.000 de espacios por libro, por lo que existen $100^{1.000.000}$ libros distintos en esta *Librería de Babel*. Más que partículas en el universo, estimadas por Stephen Hawkins en 10^{80}, lo que hace inconcebible dicha librería en el mundo real. Pero hay más mundos, como bien sabía Borges.

❧ El Marqués de L'Hospital y los hermanos Bernoulli

El marqués de L'Hospital estaba intrigado por el nuevo campo de las matemáticas que estaba desarrollando Leibniz, pero faltándole preparación matemática, actividad que para él constituía apenas un pasatiempo, no entendía todos los conceptos del cálculo. Pero sabía que dos hermanos en Suiza, Johann y Jakob Bernoulli, habían sido de gran ayuda a Leibniz.

76

El marqués pidió a uno de los hermanos, Johann, que fuera su tutor. Johann vio en este trabajo una manera de ganar dinero, que le venía muy bien, y también de acceder al círculo de amigos de este aristócrata, y aceptó.

Johann creyó que el marqués se contentaría con impresionar a sus amigos con sus conocimientos matemáticos, pero no fue así. En 1696 L'Hospital publicó en París *Analyse des infiniment petits (Análisis de lo infinitamente pequeño)*, donde reproducía ideas de su tutor, entre ellas la regla de la expresión 0/0, que hoy se conoce como Regla de L'Hospital, una regla que le puso en la historia de las matemáticas. En su descargo, hay que decir que L'Hospital decía en el libro: "He hecho uso de los descubrimientos de varios matemáticos, por lo que les devuelvo lo que tengan a bien considerar que es suyo".

Esta es la regla debida a Bernoulli y que hizo mundialmente famoso a L'Hospital:

> **Regla de L'Hospital**
> Si el límite del ratio de dos funciones
> $f(x) / g(x)$ es $0/0$ como $X \geq a$,
> entonces hay que usar la derivada menor, d, de las funciones para las que
> $f^d(x) / g^d(x) \neq 0/0$

Debido a un acuerdo firmado con el marqués, Bernoulli no pudo desvelar qué partes del libro se debían a él, hasta la muerte del marqués. Al pobre Bernoulli no le fue reconocido el mérito del hallazgo hasta 1955. Sin embargo, la regla sigue llamándose Regla de L'Hospital.

✆ Si un teorema lleva el nombre de un matemático, éste no es su inventor

La anécdota anterior me permite traer aquí este famoso aserto del matemático Félix Klein: "Si un teorema lleva el nombre de un matemático, éste no es su inventor". Por ejemplo, el teorema de Pitágoras no era de Pitágoras. Los egipcios, antes que él, conocieron el triángulo rectángulo y sus propiedades. En concreto, el triángulo rectángulo de lados 3, 4, 5, que constituyó la base conceptual de la cuerda de doce nudos, y que los egipcios la utilizaban como escuadra. Así mismo el binomio de Newton no es invención de Newton, ni el triángulo de Pascal es de Pascal ni la paradoja Burali-Forti fue invención de esos señores. Pero quizá la más injusta de las atribuciones corresponda a la famosa regla de L'Hospital que acabamos de ver en la entrada anterior, ya que no se reconoció la autoría del matemático suizo hasta hace muy poco. Pero la historia es así, y por mucho que los historiadores de las matemáticas conozcan estos hechos, los nombres prevalecen.

Tiempo de Anécdotas

Un matemático y un físico acuden juntos a una conferencia de física teórica donde se diserta sobre teorías de Kaluza-Klein que implican espacios de 9 dimensiones. El físico, al cabo de media hora, está hecho polvo, pero el matemático parece interesado, así que el físico le pregunta:
- Oye, ¿no te aburres? ¿Cómo puedes seguir semejantes explicaciones?
- Bah, es fácil, todo consiste en visualizarlo.
- Pero ¿cómo se puede visualizar un espacio de nueve dimensiones?
- Visualizo primero un espacio de n dimensiones y luego hago n igual a 9.

☻ Cuadrados mágicos multiplicadores

El ludolingüista Víctor Corbajo ha conseguido obtener, mediante la ayuda de un ordenador, cuadrados mágicos multiplicadores. En ellos, no son las sumas de las columnas, las filas y diagonales la que dan un número constante, sino la multiplicación de las mismas, lo que hace su construcción más difícil y por ello más meritoria. Veamos en primer lugar un cuadrado multiplicador mágico de orden 4 x 4:

72	1	216	18
2	162	3	288
54	144	4	9
36	12	108	6

La constante numérica de este cuadrado, o sea, el valor del producto de sus filas, columnas y diagonales es: 279.936.

Ahora veamos un cuadrado multiplicador de orden 5 x 5:

768	8	864	216	3456
1296	96	72	288	1536
2304	576	144	432	48
36	1728	72	4608	192
16	5184	18432	32	81

La constante numérica de este cuadrado es, ni más ni menos: 3.962.711.310.336.

☯ La ecuación de Drake

Este Drake no ese famoso pitara de su Majestad Británica, sino un investigador del SETI, ese organismo que se dedica a estudiar señales de vida exterior a la Tierra. Este Frank Drake es un astrónomo que elaboró una fórmula para estimar el número de civilizaciones inteligentes en nuestra galaxia, que para él se resumían en esas civilizaciones capaces de transmitir mensajes por radio. El número de este tipo de civilizaciones vendría dado por la siguiente fórmula:

$$\text{Nr. civilizaciones} = N \times f_p \times n_e \times f_l \times f_i \times f_c \times f_L$$

Los siguientes parámetros corresponden a los conceptos:

N: Número de estrellas en la Vía Láctea, estimado en 10^{11}.

f_p = Estrellas que tienen planetas orbitando a su alrededor. La estimación porcentual es entre un 20% y un 50 %.

n_e: Este factor representa, por cada estrella con planetas orbitando alrededor de ella, cuántos de esos planetas pueden sustentar vida. Se trata de un dato controvertido, que puede variar entre 1 (o más) y uno entre miles de estrellas o incluso menos. Depende del investigador.

f_l: De esos planetas capaces de albergar vida, ¿en cuántos realmente ha surgido ésta? Las estimaciones varían entre el 0 % y el 100 %.

f_i: De esos planetas en los que ha arraigado la vida, ¿cuántos han dado lugar a vida inteligente? Tanto este factor como el anterior son los más controvertidos y el investigador que aplica la fórmula suele dejarse llevar por su optimismo o su oposición a este tipo de asuntos. El abanico de probabilidades va también de 0 a 100%.

f_c: Por cada planeta con vida inteligente, ¿qué porcentaje ha llegado a desarrollar la comunicación por ondas de radio? Este porcentaje suele ser alto debido a que si un planeta ha desarrollado vida inteligente, es lógico que tarde o temprano llegue a este descubrimiento.

f_L: Indica la fracción de la vida del universo durante la cual una civilización se comunica mediante ondas de radio. Si tomamos nuestra civilización como ejemplo, nosotros llevamos comunicándonos por radio unos 100 años dentro de un lapso de diez mil a veinte mil millones de años que se supone que es la duración del universo. Por lo tanto en nuestro caso la cifra sería 10^{-8}. Si siguiéramos comunicándonos de esta manera durante otros 900 años, el factor se convertiría en 10^{-7}.

Una vez explicadas los distintos factores que influyen en la fórmula, llega el momento de aplicarla. Asumamos, en plan optimista, que el 50 % de las estrellas tienen planetas orbitando a su alrededor (f_p = 0.5). que al menos dos planetas en esas estrellas son capaces de albergar vida (n_e = 2), que en la mitad de esos planetas ha surgido alguna forma de vida (f_l = 0.5), que de esos planetas donde ha surgido la vida la mitad es vida inteligente (f_i = 0.5), que la mitad de esa vida inteligente es capaz de comunicarse por radio (f_c = 0.5), y que el promedio de las civilizaciones capaces de transmitir por radio lo han hecho durante un millón de años (f_l = 10^{-4}). La ecuación, ateniéndonos a esos valores de los factores, nos da que hay 1.250.000 civilizaciones capaces de comunicarse por radio en nuestra galaxia.

Pero esos valores, a juzgar por analistas menos optimistas, son claramente exagerados. Estos valores, según estos detractores, serían: el 50 % de las estrellas tienen planetas orbitando a su alrededor (f_p = 0.5), de ellos sólo el 10 % serían capaces de albergar vida (n_e = 0.1), que sólo en 1 % de estos planetas ha surgido alguna forma de vida (f_l = 0.01), que de esos planetas donde ha surgido la vida el 5 % es vida inteligente (f_i = 0.05), que la mitad de esa vida inteligente es capaz de comunicarse por radio (f_c = 0.5), y que el promedio de las civilizaciones capaces de transmitir por radio lo han hecho durante diez mil años (f_l = 10^{-6}). La ecuación, ateniéndonos a esos valores de los factores, nos da que hay 1.250.000 civilizaciones capaces de comunicarse por radio en nuestra galaxia. Con estos nuevos datos, la ecuación de Drake nos dice que sólo hay una civilización capaz de comunicarse por radio en toda la galaxia (más concretamente 1.25). O sea, nosotros.

¿Con quién está usted?

☙ Algunos detalles del número Pi

La letra griega pi es un símbolo adoptado inicialmente en 1706 por William Jones y popularizado por Euler. La notación con la letra griega π proviene de la inicial de las palabras de origen griego "περιφέρεια" (periferia) y "περίμετρον" (perímetro) de una circunferencia.

π (pi), no está de más recordar, es una constante matemática cuyo valor es igual a la proporción existente entre el perímetro de la circunferencia y la longitud de su diámetro.

El valor numérico de π truncado a sus cien primeras posiciones decimales, es el siguiente:

≈ 3,141 592 653 589 793 238 462 643 383 279 502 884 197 169 399 375 105 820 974 944 592 307 816 406 286 208 998 628 034 825 342 117 067 9

UNA MULTIPLICACIÓN SORPRENDENTE (o cómo llegar a 10^{33} ó a 1.000 quintillones, ó a 1 millón de millardos de millardos de millardos)

8.589.934.592

x 116.415.321.826.934.814.453.125

=

1.000.000.000.000.000.000.000.000.000.000.000

☙ El azaroso destino de André Weil

En 1939 el matemático francés André Weil estaba viviendo en Helsinki. El 30 de noviembre de ese año los rusos comenzaron a bombardear la capital finlandesa. Días después del bombardeo Weil caminaba por las calles de la capital cuando sus ropas extranjeras atrajeron la atención de la policía y fue detenido. La policía registró su apartamento y encontró:

. Varios rollos de papel mecanografiado en el fondo de un archivo y que Weil dijo ser páginas de una novela de Balzac.

. Una carta, en ruso, de un tal Pontryagin, en la que se invitaba a Weil a visitar Leningrado.

. Un paquete de tarjetas de visita a nombre de Nicolas Bourbaki, miembro de la Real Academia de Poldavia.

. Algunas copias de la invitación de boda de la hija de Bourbaki, Betti.

Con todas esas pruebas incriminatorias, Weil fue enviado a prisión y condenado a muerte.

Algunos días después, el 3 de diciembre, Rolf Nevanlinna, coronel de la reserva del ejército finlandés estaba cenando con el jefe de policía. A la hora del café éste le comentó que mañana iban a ejecutar a un prisionero que decía conocerle, y que no le hubiera molestado por tan tonta noticia pero ya que estaban compartiendo mesa, se lo comunicaba. Nevanlinna preguntó por el nombre de esa persona. "André Weil", contestó el jefe de policía. A pesar del shock producido por la noticia, Nevanlinna mantuvo la compostura y dijo en tono inocente: "Si lo conozco. ¿Es necesario ejecutarle? ¿No podrían sólo deportarlo?" El policía contestó: "Bueno, es una idea. No había pensado en ello". Y así se decidió el destino de André Weil.

Weil regresó a Francia y fue enviado a prisión por evadir el reclutamiento. Años más tarde solía decir que la cárcel era un buen sitio para hacer matemáticas: era tranquilo y no había interrupciones.

☯ El problema de la bragueta abierta

Richard Courant era estudiante de David Hilbert en Gotinga. Un día observó que Hilbert tenía la bragueta abierta. En esos tiempos la distancia entre profesor y alumno era inmensa, y Courant no sabía cómo decírselo. Afortunadamente era el día del paseo en bicicleta del departamento. Durante la excursión Hilbert se cayó de la bicicleta. Viendo ahí la oportunidad, Courant se acercó y le dijo: "Profesor Hilbert. Me alegro de ver que no le ha pasado nada. Pero, mire, se le ha abierto la bragueta". Y Hilbert contestó: "Courant, idiota, la bragueta ha estado rota toda la semana".

☻ Malos augurios

En el prefacio del libro de David L. Goodstein *States of Matter* (Estados de la materia), se lee: "Ludwig Boltzmann, que dedicó la mayor parte de su vida al estudio de la mecánica estadística, se suicidó en 1906. Paul Ehrenfest, un estudiante de Boltzmann, siguiendo los estudios de su maestro, murió de la misma forma en 1933. Ahora es nuestro turno para estudiar mecánica estadística".

Los estudiantes, me imagino, debían estar un poco acojonados.

☻ El interesante Teorema de Goodstein

La mejor manera de explicar en qué consiste este singular teorema es desarrollándolo. Se recomienda al lector que, salvo que disfrute con los desarrollos matemáticos, se abstenga de seguirlos y se circunscriba a seguir el razonamiento, que es en definitiva lo peculiar y sorprendente. Los cálculos vienen avalados por el matemático y físico Roger Penrose.

Considérese cualquier número entero positivo, por ejemplo, el 581. Primero reducimos este número a una suma de distintas potencias de 2:

$$581 = 512 + 64 + 4 + 1 = 2^9 + 2^6 + 2^2 + 2^0$$

Repárese en que los exponentes (9, 6, y 2) pueden ser representados, a su vez, en forma de potencia de dos, pues $9 = 2^3 + 2^0$; $6 = 2^2 + 2^1$; $2 = 2^1$, y de esta forma, haciendo $2^0 = 1$ y $2^1 = 2$, obtenemos:

$$581 = 2^{2^3+1} + 2^{2^2+2} + 2^2 + 1$$

Todavía queda un exponente que no está en base 2, en concreto el 3, que puede adoptar la forma $3 = 2^1 + 2^0$. Esto nos permite finalmente escribir la anterior igualdad en base 2:

$$581 = {}_2 2^{2+1}+1 + {}_2 2^2+2 + {}_2 2 + 1 \qquad \text{[G]}$$

Y ahora comienza la fase de desarrollo del teorema. A la expresión anterior le aplicamos una sucesión de operaciones simples, a saber:

    a) incrementar la base en 1

    b) restar 1 de la ecuación

La base a que se refiere (a) es simplemente el número "2", pero podemos encontrar representaciones similares para bases más grandes: 3, 4, 5 ,6, etc. Veamos lo que sucede si aplicamos la operación a) a la expresión [G], de tal manera que los "doses" se conviertan en "treses". Obtenemos:

$$_3 3^{3+1}+1 + {}_3 3^{3-1}+3 + {}_3 3 + 1$$

El resultado es un número de 40 dígitos que comienza así: 133027946.....

Ahora aplicamos b), o sea, restamos 1, y obtenemos:

$$_3 3^{3+1}+1 + {}_3 3^2+3 + {}_3 3$$

que, por supuesto, sigue siendo un número de 40 dígitos que comienza como el anterior. Aplicamos de nuevo a), y obtenemos:

$$_4 4^{4+1}+1 + {}_4 4^4+4 + {}_4 4$$

El resultado es un número de 618 cifras que comienza con los dígitos 12926802... La operación b), que resta una unidad nos lleva a:

$$_4 4^{4+1}+1 + {}_4 4^4+4 + 3 \times {}_4 3^3 + 3 \times {}_4 3^2 + 3 \times 4 + 3$$

donde los treses se originan análogamente a los "nueves" que surgen en base 10 ordinaria cuando restamos 1 de 1000 para obtener 999.

Obtenida la nueva expresión, repetimos de nuevo la operación a):

$$5^{5^{5+1}}+1 \; + \; 5^{5^5}+5 \; + \; 3\times5^3 \; + \; 3\times5^2 \; + \; 3\times5 + 3$$

que representa a un número de 10923 cifras y que comienza con los dígitos 1274…. Ha de hacerse notar que los coeficientes 3 que aparecen aquí son necesariamente menores que la base (ahora 5) y no están afectados por el incremento de la misma. Ahora, siguiendo el procedimiento, aplicamos b):

$$5^{5^{5+1}}+1 \; + \; 5^{5^5}+5 \; + \; 3\times5^3 \; + \; 3\times5^2 \; + \; 3\times5 + 2$$

Y así continuamos alternativamente aplicando las operaciones simples a) y b) a la expresión. A primera vista los números parecen ir creciendo *ad infinitum*. Sin embargo, no es así, y esa es la particularidad del Teorema de Goodstein. Este teorema afirma, y demuestra, que no importa el número entero positivo con el que comencemos (aquí el 581), ¡finalmente siempre se llega a cero!

Parece algo asombroso, pero es cierto. Hagamos la prueba con un número pequeño. Si hubiésemos elegido el número 3, por ejemplo, donde $3 = 2^1 + 1$, la secuencia de resultados sería: 3, 4, 3, 4, 3, 2, 1, 0. De haber elegido el 4, donde $4 = 2^2$, hubiéramos obtenido una secuencia que comienza así: 4, 27, 26, 42, 41, 61, 60, 84, … y que alcanza su pico con un número de 121.210.695 dígitos para comenzar luego a disminuir hasta llegar a cero.

El teorema de Goodstein es en realidad un teorema de Gödel para el proceso que se denomina *inducción matemática*.

La inspiración de los matemáticos

"Todas las noches creía haberlo conseguido, pero al rayar de nuevo el alba descubría al instante el error de los resultados que había obtenido la víspera.

Al séptimo día, finalmente, las murallas se derrumbaron.
(Laurent Schwartz, matemático)

Por ser profesión que necesita de la musa, como la literatura o la ciencia, expongo a continuación casos curiosos de inspiración de algunos matemáticos. Los procesos de estas inspiraciones, tan similares a los expuestos hasta aquí, permitirán hacernos una idea más cabal de la inspiración como fenómeno creativo. Estos son los casos:

⊗ Carl Gauss estuvo durante años luchando con un problema relacionado con los números enteros. Un día, súbitamente, la solución le vino a la cabeza. El eminente matemático aseguró desconocer los hilos que le llevaron de los pensamientos que ocupaban su mente en aquel momento a la solución que buscaba. Sólo sabía que la comprensión del problema le vino de improviso, como un relámpago. ¿La mano inédita de Dios?

⊗ Henri Poincaré había dedicado innumerables esfuerzos y tiempo a un intrincado problema de funciones matemáticas. Un día, a punto de embarcarse en una excursión geológica, en el momento de poner pie en el autobús, le vino a la mente la solución del problema que tan ardua, e infructuosamente, había estado buscando. Asegura Poincaré que ninguno de los pensamientos que entonces ocupaban su mente, guardaba relación con los cálculos en cuestión. Y tan seguro estuvo de haber alcanzado la solución a su problema, que la almacenó en el fondo de su memoria y continuó charlando de otros asuntos. Cuando regresó de la excursión, ya tranquilo en casa, no le costó esfuerzo comprobar que la solución que tan súbitamente le sobrevino era correcta.

⊗ El también matemático William R. Hamilton relata así el proceso que le llevó a descubrir los cuaternios:

87

"Vinieron a la vida, o vieron la luz, completamente maduros, el 16 de octubre de 1843, cuando paseaba con la señora Hamilton hacia Dublín, justo al llegar al puente de Brougham. Allí, y en aquel momento, sentí que el circuito galvánico del pensamiento se cerraba y las chispas que saltaron de él fueron las ecuaciones fundamentales que ligan i, j, k [los nuevos números que hacen el papel de i dentro de los números complejos], exactamente igual a como los he usado siempre desde entonces... Sentí que en aquel momento se había resuelto un problema, que se había satisfecho una necesidad intelectual que me había perseguido durante más de quince años". No pain, no fucking gain.

⊗ El matemático indio Srinivasa Ramanujan aseguraba que una diosa hindú le pasaba las ideas mientras dormía. De ser así, la diosa no era infalible, pues Ramanujan cometió algún que otro desliz. Pero sí pródiga, a tenor de los muchos cuadernos de fórmulas que nos legó el malogrado genio indio.

⊗ María Agnesi, también matemática, aseguraba que producía sus mejores resultados mientras caminaba sonámbula.

⊗ En 1840, George Boole sufrió una visión religiosa mientras atravesaba un campo cerca de Doncaster al atardecer. De pronto, supo cómo se podían usar las matemáticas para descifrar los misteriosos procesos del pensamiento humano. Los mismos símbolos del álgebra podían emplearse para describir lo que sucedía dentro de la cabeza de las personas mientras seguían un hilo de pensamiento, expresando todos sus giros y vueltas en forma binaria. Si esto, entonces aquello. Si aquello, entonces esto no. En 1854, Boole publicó un libro que causó sensación. Lo tituló **An Investigation of the Laws of Thought**. La finalidad del mismo era investigar

*las leyes fundamentales de aquellas operaciones de la
mente mediante las cuales se ejecuta el razonamiento.*

⊗ *Desde niño, el matemático Georg Cantor oía lo que
denominaba "una voz secreta y desconocida" que le
instigaba a estudiar matemáticas. Su nuevo concepto de
infinito lo achaca Cantor a estas voces internas, que él
creía que provenían de la divinidad. Cantor desarrolló
toda una estructura jerárquica de infinitos. Trabajador
infatigable, tuvo que soportar episodios de manía cada vez
mayores, tras los cuales descendía hacia la más negra
depresión. Cantor, que dijo que hacía frío en todo lo que
pensaba, mens insana in corpore sano, también creía que
el sueño del poeta hace la isla.*

☯ El profesor sabe lo que hace

En un Instituto de Enseñanza Media de Calatayud, allá a
comienzos de los años 70, el profesor de matemáticas, después
de varios meses de enseñar geometría, fracciones, el teorema de
Pitágoras, etc., puso un examen a la clase. Las hojas del examen
contenían sólo una suma, una resta, una multiplicación y una
división. Los alumnos, después de ver el contenido del examen,
no pudieron reprimir risitas y comentarios de regocijo. El
profesor no dijo nada. En un cuarto de hora todos los alumnos
habían entregado los exámenes y salieron, todavía divertidos
por el chollo de examen, a un adelantado recreo. Al cabo de dos
días, corregidos los exámenes, el profesor comenzó a informar
en voz alta de las notas: "Fulanito: suspendido, Menganito:
suspendido…" Suspendieron más del 90 % de los alumnos.
Cuando, sumidos en la sorpresa, algunos alumnos pidieron ver
su examen, comprobaron con estupefacción que sus ejercicios
contenían fallos ya fuera en la suma, la resta, la multiplicación
o la división, cuando no en dos, tres o las cuatro operaciones. Y
es que a veces, el exceso de confianza pasa factura. La lección
que pretendía impartir el profesor a los alumnos era que

cuando se avanza en una materia, conviene repasar las bases, afianzarlas, para que el edificio que se erija sobre ellas sea resistente y duradero.

☯ Celebridades contra las matemáticas

Muchas personas célebres, sobre todo artistas, literatos y religiosos han denostado esta disciplina paradigma de la exactitud. Sirva de resumen de esta actitud esta frase del escritor y periodista Pedro Voltes: "El común de los mortales se espanta y aparta cuando ve una fórmula matemática". No, no gusta a todo el mundo la exactitud y la racionalidad de las matemáticas. Veámoslo:

• Martin Lutero (1483-1546), a Dios rogando con el mazo daba... a las matemáticas: "La medicina pone a la gente enferma, la matemática vuelve a la gente triste, la teología los vuelve pecaminosos".

• En 1734, George Berkeley, obispo de Cloyne en el Sur de Irlanda, atacó ferozmente la nueva "teoría de fluxiones" que Newton estaba elaborando para abrir nuevos horizontes al cálculo. La idea de límite, de aproximaciones, de infinitesimales... todo fue calificado por el obispo como "fantasmas de cantidades ausentes". Berkeley no se cortaba a la hora de atacar a los matemáticos: "esos matemáticos infieles", "un manifiesto sofista", etc.

• El célebre arquitecto Antoni Gaudí (1852-1926) tuvo que estudiar las matemáticas propias de cualquier estudiante de una carrera de ciencias y las aprobó como pudo, pero no pudo desprenderse de un profundo desafecto por el álgebra. Si bien tuvo que plegarse a las formas, esto es, a la geometría (se autoproclamó "geómetra, que quiere decir sintético"), denostó sin piedad las formas algebraicas de las matemáticas, llegando a proclamar: "las expresiones algebraicas lo único que hacen es complicar".

• La extravagante poetisa norteamericana Emily Dickinson, mófase así de la ciencia y sus herramientas matemáticas:

"We shall find the Cube of the Rainbow,
Of that, there is no doubt.
But the Arc of the lower conjecture
Eludes the finding out".

(Podremos hallar el cubo del arco iris,/ No hay duda de ello. / Pero el arco de la mínima conjetura / Elude todo cálculo.)

● Otro poeta, el antequerano José Antonio Muñoz Rojas, no tiene mejor concepto de esta disciplina, según se desprende de su poema:

Vamos a dar nuestra lección diaria.
La geografía la estudiaremos en tu cuerpo,
y la geometría en tus palabras.
Amor, pero no sé dónde estudiaremos aritmética,
desde que te oí decir que dos y dos eran cuatro,
que cuatro y cuatro eran ocho,
y así sucesivamente.
¿Cuándo aprendiste semejantes pamplinas?

● Para Fernando Vallejo, escritor colombiano, "las matemáticas no son ciencia, son los engaños de dos rayitas, el signo igual, una ociosidad fea y aburrida".
● Para Leopoldo María Panero "la matemática es la muerte de la subjetividad". Y como justificación, o apoyo, añade que Antonin Artaud, en su *Heliogábalo*, decía que nunca había podido comprender los números, para él los números no existían.
● Para William Blake "Dios prohíbe que la verdad pueda ser confirmada por la demostración matemática".
Ah, disciplina denostaba... pero exacta.

Liberemos a la
hipotenusa

de la tiranía de los catetos

¡Muera el triángulo rectángulo!

Liga de Geómetras
Libertarios

www.2+2=5.com

☯ **El primer libro de matemáticas impreso en el continente americano**

Ustedes quizá piensen que el primer libro de matemáticas impreso en el nuevo continente fuese debido a algún anglosajón. Pero no, el primer libro de matemáticas impreso en el continente americano fue publicado en México en el año 1556, y su autor fue el fraile gallego Juan Díez. Este singular personaje formó parte de las expediciones de Hernán Cortés. El título de esta obra, muy largo, da idea de por dónde iban los intereses del padre, y de la Corona: *Sumario compendioso de las cuentas de plata y oro que en los reinos de Perú son necesarias a los mercaderes y todo género de tratantes. Con algunas reglas tocantes a la Arithmética*. Quedaría por dilucidad a quienes se refiere en la categoría "todo género de tratantes".

☯ **Leibniz comete un fallo**

El filósofo y matemático Gottfried Whillem Leibniz (1646-1716), uno de los padres del cálculo infinitesimal y anticipador del lenguaje binario hoy utilizado en la computación, tuvo un pequeño fallo al calcular la probabilidad en el juego de dados. Hablando de las probabilidades de las sumas que se pueden obtener al tirar dos dados, Leibniz razonó que como 11 es sólo 5 más 6 y 12 es sólo 6 más 6, tanto el 11 como el 12 eran igualmente probables. Se le olvidó al insigne matemático (no se lo tengamos en cuenta) un pequeño detalle: el 11 puede ser (5+6) o bien (6+5) mientras que el 12 sólo sale con el (6+6).

❧ Números felices

Si los números pueden ser primos, perfectos, amigos, novios, ¿por qué no podrían ser felices o infelices? Los hay. Definamos el siguiente algoritmo: se toma un número entero positivo expresado en el sistema de numeración decimal, y se suman los cuadrados de sus dígitos, con lo que obtenemos otro número entero positivo. Con el número así obtenido, volvemos a repetir la operación de sumar los cuadrados de sus dígitos. De esta forma continuamos hasta llegar a 1 o a un ciclo que no lo contiene. Los números que al final del proceso dan 1 son los llamados *felices*, y al resto, por exclusión, se les denomina *infelices*.

El 203 es feliz, porque $2^2+3^2=13$; $1^2+3^2=10$; $1^2+0^2=1$

Son felices, por ejemplo, 1, 7, 10, 13, 19, 23, 28, 31, 32, 44, 49, 68, 70, 79, 82, 86, 91, 94, 97 y 100.

El 4 no es feliz, porque entra en un bucle: 4, 16, 37, 58, 89, 145, 42, 20, 4... que le impide alcanzar la unidad... y la felicidad.

❧ Kurt Gödel y el cuestionario

Cierta vez que Kurt Gödel, el gran lógico y matemático, tuvo que rellenar un cuestionario burocrático, advirtió que las preguntas no seguían una lógica limpia y en vez de contestar si o no a las preguntas, escribió para cada una de ellas un ensayo de lógica del tipo: "Si la pregunta quería decir A, entonces la respuesta era X, pero si quería decir B, entonces..."

❧ La bruja de Agnessi

Maria Gaetana Agnesi (1718-1799) fue una matemática precoz. Con diez años empezó a leer las obras matemáticas del momento (Newton, Leibniz, Descartes, Fermat, etc.) Como era de esperar de semejante precocidad, a los 20 años ya había publicado cerca de 200 ensayos. Agnesi abandonó las matemáticas a los 34 años.

Esta matemática inventó y estudió una curiosa curva geométrica con forma de campana obtenida al ir girando una serie de puntos asociados a una circunferencia. Lo de "puntos girando" llevó al italiano Guido Graudi a bautizar la curva de Agnesi como la *versiera*, palabra procedente del latín "verteré" y que significa girar. La evolución del italiano hizo que versiera pasara a ser «aversiera» palabra parecida a la expresión «*aversiere*» o esposa del demonio. Fue así como un traductor del trabajo de Agnesi pasó de versiera a «bruja». De esta manera (*traduttore, tradittore*) lo que tendría que haber sido conocido como "la cúbica de Agnesi" pasó a ser "la bruja de Agnesi".

Curiosidad:

¿Sabéis cuántas partidas distintas de ajedrez se pueden jugar? Eliminando aquellas partidas en que los jugadores se ponen de acuerdo para prolongar el encuentro hasta el máximo de 5899 movimientos, la cifra de partidas distintas posibles es astronómica: 10^{120}, esto es, un *uno* seguido de ciento veinte *ceros*. Por supuesto, se incluyen las partidas más tontas que uno pueda imaginar.

☙ Marin Mersenne, el monje matemático

Marin Mersenne (1588-1648), fue un monje francés que, quizá por su vida retirada, no es tan conocido como otros matemáticos de su tiempo (Descartes, Fermat, Desargues, Pascal, etc.). Sin embargo, dejó un extraordinario legado de libros y cartas. Y también sus, esos sí, famosos números, unos números de la forma 2^n-1 y que son clave para calcular números primos enormes. Sobre la importancia matemática de Mersenne nos dejó constancia Thomas Hobbes cuando dijo sobre él: "hay más en Mersenne que en todas las universidades juntas". Mantenía tal cantidad de correspondencia con los matemáticos principales de la época que era fama que si se le informaba de un descubrimiento en esta materia, era como publicarlo en toda Europa.

☯ Números narcisistas

También los números gustan de contemplarse en las aguas de la armonía aritmética. En el sistema de numeración decimal se dice que un número es narcisista cuando equivale a la suma de las potencias de sus cifras elevadas todas al mismo índice. El más pequeño que se conoce es el 153, que equivale a $1^3+5^3+3^3$ y le sigue el $370 = 3^3+7^3+0^3$.

Mostremos un número narcisista impresionante:

$$4^{10} + 6^{10} + 7^{10} + 9^{10} + 3^{10} + 0^{10} + 7^{10} + 7^{10} + 7^{10} + 4^{10} = 4.679.307.774$$

La expansión exponencial semeja un espejo donde el número que lo origina puede contemplar su propia belleza.

☯ El diablo y el último teorema de Fermat

El relato *The Devil and Simon Flagg* (*El Diablo y Simon Flagg*), de Arthur Porges, trata de un matemático que ha dedicado su vida a probar el último teorema de Fermat. Obsesionado con ello pierde a su familia, a sus amigos, todo, incluso el seso. Entonces es abordado por el diablo, que se ofrece a solucionarle el problema si le da el alma. El matemático acepta. El diablo, firmado el acuerdo, le dice: "Bien y ahora dime que necesito aprender para resolver el problema". El matemático le dice que lo primero es aprender cálculo y le da un libro. Al día siguiente el diablo se lo devuelve y le dice que era muy sencillo y que cuál era el siguiente paso. El matemático le da entonces un libro sobre teorema de números. A los dos días el diablo vuelve frotándose las manos y diciendo que también era bastante sencillo. El matemático la da entonces un libro sobre análisis complejo. El diablo se lo tragó en otros dos días. Por no alargar la historia, al cabo de diez días el diablo anunció que estaba preparado para afrontar el último teorema de Fermat. Unos meses más tarde, el diablo trabajando en una mesa a la luz de las velas, el matemático le oyó decir: "Sólo necesito un lema…" (Un lema, en matemáticas, es un teorema que por lo general no es interesante en sí mismo pero que sirve para demostrar otro teorema).

☯ Paul Erdös y la benzedrina

En sus últimos años Paul Erdös era adicto a la benzedrina. La tomaba a todas horas. Ron Graham, que cuidaba de él durante los años de declive, que tenía miedo de que la sustancia afectase a la salud de Erdös, le ofreció al matemático húngaro una importante suma de dinero si era capaz de dejar de tomarla durante un mes. Erdös aceptó, se abstuvo durante un mes y tomó el dinero. Pero más tarde confesó que fue el peor mes de su vida. Cada día lo pasaba mirado a una hoja de papel en blanco, con ninguna idea en la cabeza. Se sintió aliviado cuando, al final del periodo impuesto, pudo volver a tomarla.

☯ ¿Se puede calcular la «bahía» de un ángulo?

Recojo de Carlos Alsina que lo que en la trigonometría india se denominaba «media cuerda» *(giva)* pasó al árabe como «jiba». De árabe pasó al latín, pero su traductor, Roberto de Chester, se confundió y en lugar de jiba pensó que debía ser *jaib,* es decir «sinus» o sea ensenada, bahía, entrada, curva del mar... Así el «seno de un ángulo» es un exitoso concepto fruto de una mala traducción. De nuevo *tradutore, tradittore.*

☯ Hardy y el estudiante de matemáticas

El gran matemático inglés G. H. Hardy viajaba cierta vez en tren. Sentado enfrente de él había un escolar leyendo un libro de álgebra elemental. Queriendo ser amable, Hardy le pregunto que estaba leyendo. La respuesta fue: "Se trata de matemáticas avanzadas. Usted no las entendería".

☯ Propiedades aritméticas del número 666

El número 666, además de en dar un gran juego en la profecía ominosa y en predecir cataclismos, también da mucho juego en aritmética. A lo mejor ambas materias estén más relacionadas de lo que podamos sospechar. Por si acaso, no me resisto a consignarlas aquí. Estas son algunas (hay más) de las curiosas propiedades algebraicas de este príncipe de los números:

Relaciones numéricas:

• Es la suma de sus dígitos más los cubos de sus dígitos: $666 = 6 + 6 + 6 + 6^3 + 6^3 + 6^3$ (existen sólo 6 números con esta propiedad).

• 666 es un divisor de $123456789 + 987654321$ (observen que dichos números son la concatenación de todos los dígitos del 1 al 9, y del 9 al 1).

• 666 puede representarse como una suma capicúa de cubos: $666 = 1^3 + 2^3 + 3^3 + 4^3 + 5^3 + 6^3 + 5^3 + 4^3 + 3^3 + 2^3 + 1^3$.

Relaciones numéricas pitagóricas y triangulares:

• Es el 36° número triangular: $T(6x6) = 666 = 1 + 2 + 3 + 4 \ldots + 34 + 35 + 36$ (y $36 = 6x6$).

• Es el número triangular más pequeño de la forma $a^2 + b^2$, siendo $a+b$ también triangular. Ejemplo: $T(6x6) = 666 = T(5)^2 + T(6)^2 = 15^2 + 21^2$, siendo 15 y 21 a su vez números triangulares consecutivos.

• El triplete (216, 630, 666) es un triplete pitagórico (la suma de los cuadrados de los primeros = al cuadrado del tercero): $216^2 + 630^2 = 666^2$.

Relación con constantes importantes:

. 666 es la suma de los primeros 144 dígitos de π, en donde $144 = (6+6) (6+6)$.

Relación con otros sistemas de numeración:

. En números romanos 666 se escribe DCLXVI, que son los primeros 6 dígitos en números romanos de mayor a menor.

Relación con números primos:

. Es la suma de dos números primos capicúas consecutivos: $666 = 313 + 353$.

. Es la suma de los cuadrados de los primeros 7 números primos: $666 = 2^2 + 3^2 + 5^2 + 7^2 + 11^2 + 13^2 + 17^2$

Otras propiedades

. 666 es un número "repdigit" (número con todos los dígitos iguales). Pero como repdigit posee una cualidad que no tienen otros números de la misma clase: es el repdigit triangular más grande. Posee también la propiedad de los repdigits: su media

armónica es un número entero: $6 = \dfrac{3}{\frac{1}{6}+\frac{1}{6}+\frac{1}{6}}$

. Es un número de Smith: $666 = 2 \cdot 3 \cdot 3 \cdot 37$ y $6+6+6 = 2+3+3+3+7$

❧ Otras curiosidades en torno al 666:

• En la Iglesia Ortodoxa Oriental, el 666 es considerado simbólico porque en números griegos, 666 alude al Cristo.

• 666 fue utilizado como seudónimo por Aleister Crowley, un mago y ocultista que se designaba a sí mismo la Bestia a la que se refiere el Apocalipsis.

• El *remake* hecho en 2006 del film de terror *La profecía* (*The Omen*) fue estrenado el 06.06.06 (6 de junio de 2006) a las 06:06:06 horas.

• Como ya hemos mencionado, el nombre completo del presidente Ronald Wilson Reagan contiene 6 letras en cada uno de sus tres componentes, lo que indujo a algunos numerólogos, como Gatry D. Blevins, a creer que Reagan era el Anticristo. Lo curioso de esta historia es que cuando, ya ex presidente, Reagan se trasladó a California, solicitó que el número de su casa fuera cambiado del 666 (el que tenía originalmente) al 668. Por lo visto le perseguía el numerito.

• 666 era el nombre original del virus de ordenador Macintosh *SevenDust* descubierto en 1998.

• *Six-Sixty-Six* era el título de una canción del pionero roquero cristiano Larry Nonnan. Una versión fue grabada por Frank Black and the Catholics.

• El primer computador de Apple, el *Apple 1,* fue lanzado a un precio de 666,66 dólares.

• La aversión al número 666 es llamada Hexakosioihexekontahexafobia o Triplehexafobia.

• En el sorteo diario de la ONCE (Organización Nacional de Ciegos) la terminación 666 ha sido premiada por última vez con el número 73666, el 6.6.2003 (obsérvese que, además del día, 6.6, el año daría 2*3=6). El sorteo era el T-157. Obsérvese también que 5+ 1 = 6; 7-1 =6.

• Otra propiedad demoníaca de este aciago número: los números de la ruleta suman 666. ¡Ludópatas, renegad del maligno!

• Una ciudad del estado de Luisiana, en Estados Unidos, cambió el prefijo telefónico que le correspondía (666) para que no se les asociase con el diablo o la Bestia.

☾ Las cuentas del Gran Capitán

Gonzalo Fernández de Córdoba (1453-1515) conocido como el «Gran Capitán», hizo tantas conquistas para los Reyes Católicos, que estos a su vez le regalaron lo que mejor podían: títulos. Estos son algunos de ellos: Duque de Santaelo, Duque de Terranova, Marqués de Bitonta, Duque de Sessa y Virrey de Nápoles. Este virreinato le fue retirado luego por Fernando el Católico, quien le pidió que rindiera cuentas. Estas cuentas, más por sus maneras altivas que por su claridad contable, son las que se conocen como *Las cuentas del Gran Capitán*. Helas aquí:

200.736 ducados y nueve reales en Frailes, Monjas y Pobres para que rogasen a Dios por la prosperidad de las armas españolas.

100.000.000 ducados en picos, palas y azadones.

100.000 ducados en pólvora y balas.

10.000 ducados en guantes perfumados para preservar a las tropas del mal olor de los cadáveres enemigos tendidos en el campo de batalla.

170.000 ducados en poner y renovar campanas destruidas con el uso continuo de repicar todos los días por nuevas victorias conseguidas sobre el enemigo.

50.000 ducados en Aguardientes para la Tropa un día de combate.

1.500.000 ducados para mantener prisiones y heridos.

1.000.000 ducados en misas de gracias y *Te-Deum* al Todopoderoso.

700.494 ducados en espías.

y CIEN MILLONES por mi paciencia en escuchar ayer que el Rey pedía cuentas al que le ha regalado un reino.

Acertijo con sietes

Hay una canción inglesa de guardería que dice: Mientras me dirigía a Santa Peres me tope con siete mujeres. Cada mujer tenía siete capazos y en cada capazo siete gatos, caga gato tenía siete gatitos. Gatitos, gatos, sacos y mujeres, ¿cuántos iban a Santa Peres?
Solución:

. Mujeres	7
. Capazos	49
. Gatos	343
. Gatitos	2401
Total	2800

☯ Von Neumann y los idiomas

El dominio de von Neumann del idioma inglés era absoluto. Asimismo, el del húngaro, alemán y francés. Su inglés tenía un acento centroeuropeo que siempre se ha descrito como encantador. No obstante, le costaba pronunciar la «th» y la «r», y decía «integer» con una «g» dura; era la marca de fábrica de von Neumann. Retuvo nociones más que adecuadas del griego y latín aprendidos en la infancia. Se comentaba que von Neumann podía hablar en cualquiera de los idiomas aprendidos más deprisa que una persona que lo tuviera como lengua materna.

☯ Número con patrón vistoso

El número **1.234.321**: Es igual a 1111^2, lo que le da el tercer lugar en este patrón tan vistoso:
$121 \times (1 + 2 + 1) = 22^2$

$12.321 \times (1 + 2 + 3 + 2 + 1) = 333^2$
$1.234.321 \times (1 + 2 + 3 + 4 + 3 + 2 + 1) = 4444^2$

No todo son rosas en la senda de las matemáticas...

• El pitagórico Hipasio fue arrojado al mar por sus compañeros por haber revelado ciertos secretos de la secta.

• A Hipatia, hija de Teón, la descuartizaron fanáticos cristianos en las calles de Alejandría.

• Alhazen (965-1039), matemático nacido en Iraq y hoy recordado por sus contribuciones al campo de la óptica, para escapar de las iras del califa del Cairo Al-Hakim, tuvo que fingirse demente, lo que le valió, en vez de ser ejecutado, un arresto domiciliario que duró hasta la muerte del califa.

• Newton sufría frecuentes trastornos nerviosos. Cuando le sucedían estos colapsos mentales, se recluía y no quería ver a nadie. Durante estos períodos se volvía irascible.

• Alan Turing se suicidó después de sufrir enormes humillaciones.

• Kurt Gödel se convirtió en un viejo chiflado y patético. Al final de sus días se volvió paranoico y se dejó morir de hambre.

• G. H. Hardy intentó suicidarse dos veces.

• Ada Lovelace, hija de Lord Byron y pionera en sentar las bases de la programación, fue una adicta al juego, en concreto a las apuestas de caballos, lo que le llevó a tener que pedir préstamos continuos. Murió joven, víctima de un cáncer.

• Cantor, el padre de la teoría de conjuntos, se volvió loco y terminó su vida en un manicomio.

• Evariste Galois, debido a su temerario arrojo, murió de un tiro de pistola durante un duelo a los 21 años.

• Los matemáticos Nash y Sidon terminaron con esquizofrenia aguda.

• Ludwig Boltzmann, que dedicó la mayor parte de su vida al estudio de la mecánica estadística, se suicidó en 1906. Paul Ehrenfest, un discípulo de Boltzmann, siguiendo los estudios de su maestro, murió de la misma forma en 1933.

• Theodore Kaczynski, más conocido por Unabomber, fue un doctor en matemáticas que terminó convertido en asesino.

• *Taniyama-Shimura, uno de los matemáticos más brillantes del Japón de la posguerra, se suicidó a la edad de 31 años.*

• *Andre Bloch (1893-1948) fue un brillante matemático francés que dio nombre a una constante, la constante de Bloch, de uso en la geometría hiperbólica. Pues bien, Bloch en 1917 asesinó a varios miembros de su familia con una espada. Como consecuencia de este acto, fue encarcelado de por vida en una prisión para dementes. Al parecer todo fue debido a que mientras él tenía que volver a las trincheras de la Segunda Guerra Mundial, su hermano, también matemático, fue destinado a la Politécnica. En un rapto de desesperación mató a su hermano, a su tío y a su tía. Desde la institución donde fue recluido realizó muchos trabajos de matemáticas junto con célebres matemáticos como Polya, Hadamard y Mandelbrot. Al parecer era un buen corresponsal, muy educado y solían invitarlo a cenar a menudo, a lo que invariablemente contestaba: "Circunstancias fuera de mi control me impiden aceptar su amable invitación".*

• *Durante el año académico 1995-1996, el matemático Walter Petryshyn (1929-) mató a su mujer dándole treinta golpes con un martillo en la cabeza. Al parecer no pudo superar los muchos errores que contenía su recién publicado libro **Generalized Topological Degrees and Semilinear Equations** (Grados de topología generalizada y ecuaciones semilineales).*

☯ Riemann muere dulcemente

El día antes de morir, Riemann estudiaba a la sombra de una higuera y disfrutaba del plácido paisaje que contemplaba; pero sentía cómo la vida se le escapaba dulcemente, sin lucha y sin agonía. Su esposa le dio un poco de pan y vino, y él le dijo entonces: "Dale un beso a nuestra hijita", y juntos empezaron a rezar el padrenuestro. Al llegar a "perdónanos nuestras deudas" Riemann alzó lentamente los ojos al cielo. La mujer, sospechando algo, tomó la mano del marido mano entre las suyas. Riemann había muerto. El epitafio de la tumba que le erigieron sus amigos italianos termina con estas palabras en alemán: "Todas las cosas trabajan para el bien de los que aman al Señor."

☯ El profesor y las preguntas

Walter Rudin, profesor de matemáticas en la Universidad de Wisconsin, era un gran enseñante. Sus cursos eran atendidos incluso por doctorandos. Walter solía alentar a sus alumnos a hacer preguntas. Un día, al comienzo de una clase, hablo así a los alumnos: "Escuchad. No os contentéis con sentaros ahí. Preguntad. Todas las preguntas son buenas. Me gustan las preguntas inteligentes, me gustan las preguntas tontas, me gustan todas las preguntas. No seáis tímidos. Nunca juzgo a una persona por la pregunta que hace". Walter siguió con la clase y al rato un alumno, armándose de valor, levantó la mano. Walter lo vio y le pidió que hablara. El estudiante hizo una pregunta. Walter sonrió, se volvió a la clase y dijo: "¿Véis? A eso llamo yo una *pregunta verdaderamente tonta*".

☯ Problema epistemológico con relación al milésimo decimal de Pi

Otro aspecto intrigante: ¿Sabían ustedes que el milésimo decimal de *pi* es 9? Ustedes se preguntarán si esto es importante o no. Pues sí. Su descubrimiento, o divulgación, provocó un amplio debate filosófico en el que intervino incluso el famoso filósofo William James, a quien ya habíamos nombrado en esta sección. El problema residía en saber si los decimales de *pi* no calculados existían de verdad o no. Hoy nos puede parecer trivial esta pregunta, pero en su momento despertó amplia polémica. El mismo James aseguraba que los decimales no calculados de *pi* "duermen en un misterioso reino abstracto". En suma, que gozan de una débil realidad. Sólo cuando son calculados se convierten en algo plenamente real. Esto es lo que se conoce con el nombre de *intuicionismo*, punto de vista filosófico que postula que los objetos matemáticos son abstracciones mentales que no existen independientemente de nuestra habilidad para suministrar una prueba de su existencia en un número finito de pasos. Sin embargo, este punto de vista es minoritario en matemáticas. La concepción clásica y mayoritaria propugna que las matemáticas, como cualquier otra ciencia natural, se dedica a descubrir verdades acerca del mundo, independientemente de los procesos mentales humanos. La polémica continúa hoy en día, pero no para nosotros, que, ajenos a tales minucias, seguimos adelante.

Matemáticas y ciencia... ficción
(Cálculos espacio-tiempo)

Las matemáticas ha sido la herramienta fundamental de la física y la amiga siempre al quite. No importa que Einstein descubriera (o inventara) esa realidad llamada espacio-tiempo. Los matemáticos acudieron prestos a dotar a esta nueva realidad de los adecuados instrumentos de medida y cuantificación. Es así de sencillo:

Supongamos que alguien deseara conocer el intervalo de espacio-tiempo entre Nueva York a la una de la tarde y Londres a las dos. Minkowski nos proporciona la forma de medirlo. Primero se toma la diferencia de tiempo y se multiplica por la velocidad de la luz. Eso transforma las unidades de tiempo en unidades de espacio. Así, un segundo se convierte en 300.000 Km. El siguiente paso consiste en elevar al cuadrado el resultado. Tercer paso: elevar al cuadrado la distancia en kilómetros. Cuarto paso: restar el primer número del segundo. Es este un proceder inusual, pues normalmente cuando se combinan distancias, estas se suman; sin embargo, cuando interviene el tiempo se resta. Paso final: Hallar la raíz cuadrada de la resta. Así se obtiene el intervalo de espacio-tiempo entre dos sucesos, expresado en kilómetros.

Si todo lo anterior le ha parecido un galimatías, no se acobarde. Lo verá claro con el siguiente ejemplo:

Como la velocidad de la luz es muy grande, un poco de tiempo equivale a una enorme cantidad de espacio, por lo que conviene medir lugares muy lejanos entre sí. Por ejemplo, calcular el espacio-tiempo entre la Tierra a la una de la tarde y el Sol a la una y cinco minutos. La distancia del Sol a la Tierra es de 150 millones de kilómetros, así que elevándolo al cuadrado obtenemos 22,5 billones de kilómetros cuadrados. Cinco minutos multiplicados por la velocidad de la luz son 90 millones de kilómetros, que elevado al cuadrado da 8,1 billones de kilómetros. Ahora hacemos la resta. $22,5 - 8,1 = 14,4$ billones de kilómetros. Finalmente hallamos la raíz cuadrada de 14,4 billones y obtenemos que el intervalo espacio-tiempo entre la Tierra a la una de la tarde y el Sol a la una y cinco minutos es de 120 millones de kilómetros. (Nótese que esto es menos que la distancia espacial en kilómetros, que como ya hemos indicado es de 150 millones de Km.)

El problema surge cuando la diferencia de tiempo excede de 8 1/3 minutos. Supongamos que la hora del Sol a comparar es la 1:10. El cuadrado de la diferencia temporal es ahora 32,4 billones de kilómetros. En este caso el paso tres del anterior ejemplo daría como resultado – 9,9 billones de kilómetros, un número negativo, lo que significa que al hacer su raíz cuadrada obtenemos un "número imaginario". Pero no nos abrumemos. Ello simplemente significa que entre los puntos estudiados la distancia temporal es mayor que la espacial. El ejemplo más sencillo lo tenemos cuando queremos medir dos eventos sucesivos en el mismo lugar. Ahí la distancia espacial es cero, luego la respuesta ha de ser imaginaria. Entre Nueva York a las 1:00 y Nueva York a la 1:05, la separación espacio-temporal es de 90.000.000i Km. (repárese que i es la raíz cuadrada de -1).

☯ Número de Buda

En la novela *The Red Zen*, de Jason Earls, se nombre continuamente al número de Buda, que era el resultado de la ecuación **22*Pi + 4*e**, que arrojaba el curioso número:

79,9881656928116321876193043175597134433667151610521663
6131665154166826745971078834810229487162724120531712347
1020222985923334235796628983389559244159868967106858779
5739544214273752475012278897894724792637291782163733444
3118306400067997926661501228467353332767299003731684496
4568030443089516036461076300147725192693367985172931792
2641904233253239792065205854407230865865085838252516593
7402085155...

Por lo visto la repetición de sus decimales poseía valor de mantra y ayudaba a la meditación.

☯ Besicovitch y el numerador

Abram Besicovitch, matemático de origen ruso afincado en Inglaterra, era un hombre modesto. El día que cumplía 36 años, convencido de que sus mejores años ya habían pasado, dijo a sus amigos: "Tengo cuatro quintos de mi vida". Veintitrés años más tarde, cuando en 1950 se le concedió el sillón Rouse Ball de matemáticas en Cambridge, alguien le recordó de su pasado comentario, resaltando que desde ese momento había escrito más de la mitad de sus trabajos, muchos de los cuales se contaban entre los mejores. Besicovitch respondió: "El numerador era correcto".

☯ Prueba sencilla de que los números palíndromos son infinitos:

Tomemos el número palíndromo: 24.642. Este número podemos convertirlo en otro palíndromo de mayor orden simplemente metiendo ceros entre los dígitos que lo componen: 204060402. A su vez, éste nuevo número palíndromo se puede ampliar metiendo dos ceros en lugar donde ahora hay un solo cero. Y así hasta el infinito. Q.e.d.

☯ Un número con sabor criptográfico

114.381.625.757.888.867.669.235.779.976.146.612.010.218.296.72
1.242.362.562.561.842.935.706.935.245.733.897.830.597.123.563.9
58.705.058.989.075.147.599.290.026.879.543.541: Este número de
129 cifras fue usado por Shamir, Rivest y Adelman como clave
para un sistema de criptografía. Se le denominó R 129, por el
número de sus dígitos. Los autores retaron al mundo a que
encontraran los dos números primos en que se descomponía R
129 y que daría la clave del mensaje encriptado. Estaban
convencidos de la absoluta seguridad del mensaje, persuadidos
de que éste nunca sería descifrado. Sin embargo, en 1993 un
equipo compuesto por más de 600 académicos y aficionados de
todo el mundo comenzó a atacar de forma metódica al citado
número, usando Internet para coordinar el uso de varios
ordenadores. En menos de un año consiguieron factorizar el
número en dos primos, uno de 65 dígitos y otro de 64. El
mensaje descifrado decía: "The magic words are squemish
ossifrage" (Las palabras mágicas son un quebrantahuesos
delicado).

Posteriormente, en abril de 1966, otro número de este
tipo, conocido como R 130 porque tenía 130 dígitos, fue
factorizado por un equipo holandés en dos factores primos,
ambos de 65 dígitos.

☯ El número 12345654321 y la construcción piramidal
Este número capicúa apareció en un documento indio del siglo
IX. La descripción decía "comenzando por uno hasta que
alcanza el 6 y luego decrece en el mismo orden". Sabemos que
se refería al número 12345654321 porque seguía a la descripción
del cálculo de 111111 x 111111. Esta forma, aplicada a los
cuadrados de diferentes números formadas por unos, arroja
esta vistosa construcción piramidal cuyos productos,
simétricos, son todos palíndromos (pueden leerse
indistintamente de izquierda a derecha y de derecha a
izquierda):

$$1^2 = 1$$

$$11^2 = 1\ 2\ 1$$

$$111^2 = 1\ 2\ 3\ 2\ 1$$

$$1.111^2 = 1\ 2\ 3\ 4\ 3\ 2\ 1$$

$$11.111^2 = 1\ 2\ 3\ 4\ 5\ 4\ 3\ 2\ 1$$

$$111.111^2 = 1\ 2\ 3\ 4\ 5\ 6\ 5\ 4\ 3\ 2\ 1$$

$$1.111.111^2 = 1\ 2\ 3\ 4\ 5\ 6\ 7\ 6\ 5\ 4\ 3\ 2\ 1$$

$$11.111.111^2 = 1\ 2\ 3\ 4\ 5\ 6\ 7\ 8\ 7\ 6\ 5\ 4\ 3\ 2\ 1$$

$$111.111.111^2 = 1\ 2\ 3\ 4\ 5\ 6\ 7\ 8\ 9\ 8\ 7\ 6\ 5\ 4\ 3\ 2\ 1$$

☽ Forma vistosa de representación multiplicación

Otra formación vistosa, ésta ya de elaboración manual y no simple producto del desarrollo algebraico, la traemos para dar fin de lujo a este capítulo. Y es que los números también pueden disponerse, sin pérdida de exactitud, en formaciones que alegren la vista. Como esta multiplicación en forma de árbol de Navidad:

```
          77777777777
        x 77777777777
              7
             777
            77777
           7777777
          777777777
         77777777777
        7777777777777
       777777777777777
      77777777777777777
     7777777777777777777
    777777777777777777777
   77777777777777777777777
     8641975308624991358
0247
           x 7
```

86419753086249913580247

x 7

604938271603728395061729

☯ Reglas mnemotécnicas para recordar decimales de Pi

¿Existen reglas mnemotécnicas que permitan a los estudiantes, o pi-adictos recalcitrantes, recordar de forma fácil un número determinado de decimales de π? Sí. Es más, abundan en casi todos los idiomas. Estas reglas suelen consistir en poemas o frases cuyas palabras siguen, en longitud, la secuencia del famoso número. O sea, la primera palabra debe poseer tres letras, la segunda una, la tercera cuatro, la cuarta una, cinco la quinta, nueve la sexta... (3,14159...). Es el caso, por ejemplo, de la siguiente pregunta "¿Hay 1 modo o truco acertando pi ceñido?" Si en esta frase sustituimos, en el mismo orden, las palabras por el número de sus letras, obtenemos la ristra: 3,1415926.

Sin salirnos de nuestro idioma, existe un poema (o mnemopoema) de Manuel Golmayo que contiene la clave para recordar hasta 19 decimales de este peculiar número irracional. Lo reproducen muchos libros de matemáticas. Reza así:

> **Soy y seré a todos definible;**
> **mi nombre tengo que daros:**
> **cociente diametral siempre inmedible**
> **soy, de los redondos aros.**

Que si lo convertimos en números siguiendo el número de letras de cada palabra, nos daría: 3,14159265358...

Pero la plusmarca, hasta donde me alcanza, la ostenta un tal I. R. Nieto París, quien consigue hilar los 31 primeros decimales en otro mnemopoema:

> **Soy π, lema y razón ingeniosa**
> **de hombre sabio, que serie preciosa**
> **valorando enunció magistral.**
> **Por su ley singular bien medido**
> **el grande orbe, por fin reducido**

fue al sistema ordinario usual.

Mas no se crea que esta manía es patrimonio único de nuestro país. A continuación presento un ejemplo en inglés, un mnemopoema que llega a expresar los veinte primeros decimales de pi:

> **Sir, I send a rhyme excelling**
> **In sacred truth and rigid spelling;**
> **Numerical sprites elucidate**
> **For me the lexicon dull weight.**

☯ Erdós y su amigo de Vancouver
En una ocasión Erdös se encontró con otro matemático y le preguntó de donde era. El otro le dijo: "De Vancouver". "Ah", dijo Erdös, ¿Entonces, conocerás a mi buen amigo Elliott Mendelson?" Después de unos momentos de duda, el preguntado respondió: "Yo soy tu buen amigo Elliott Mendelson".

☯ ¿Cuánto vivió Diofanto?
En la *Antología palatina*, libro atribuido a Metrodoro, aparecido a finales del siglo V o comienzos del VI, se presentan 48 epigramas con problemas que hoy consideraríamos "matemática recreativa". En uno de ellos se revela en forma de acertijo la edad de Diofanto. Según este epigrama, Diofanto pasó en la niñez un sexto de su vida, un doceavo en la adolescencia; después de transcurrir otro séptimo de su existencia, se desposó. Tuvo un hijo a los cinco años de casado. El hijo vivió la mitad de la vida del padre. Diofanto, afligido por la pérdida, buscó consuelo en la ciencia de los números y cuatro años después de la muerte de su hijo, falleció. El cálculo de todo lo anterior nos dice que Diofanto vivió 84 años.

☯ Consejos a un hijo
El matemático Robert Almgren, hijo de Fred Almgren, otro

matemático, recibió el siguiente consejo de su padre: "Hijo, en caso de duda, cuando no sepas qué camino tomar, quiero que recuerdes dos cosas. Uno, haz un dibujo. Segundo, integra por partes". En otra ocasión, Fred le dijo a su hijo: "Yo no presiono a mi hijo para que siga mi oficio. Él puede dedicarse a lo que quiera. Puede ser algebrista, topólogo, geómetra…"

☯ Números como de otro mundo

Denomino así, con este esperpéntico nombre genérico, a una serie de números que están un poco más allá de la imaginación. Son los siguientes:

▶ Los **cuaterniones**. Con este nombre se conocen a una extensión de los números reales, similar a la de los números complejos, con los que comparten propiedades. Pero mientras que los números complejos son una extensión de los reales por la adición de la unidad imaginaria i, tal que $i^2 = -1$, los cuaterniones son una extensión generada de manera análoga añadiendo las unidades imaginarias: i, j y k a los números reales y tal que $i^2 = j^2 = k^2 = ijk = -1$. Esto se puede resumir en esta tabla de multiplicación, denominada Tabla de Cayley.

	1	i	j	k
1	1	i	j	k
i	i	-1	k	-j
j	j	-k	-1	i
k	k	j	-i	-1

$1, i, j, k$, son entonces las "bases" de las componentes de un cuaternión.

Los cuaterniones fueron establecidos por William Hamilton en 1843 cuando buscaba formas de extender los números complejos a un número mayor de dimensiones. Falló al intentar crearlos para tres dimensiones, pero lo logró para cuatro dimensiones y los llamó cuaterniones. La solución a su larga búsqueda e sobrevino un día que estaba paseando con su esposa. El propio matemático describe su inspiración de esta manera: "Vinieron a la vida, o vieron la luz [los cuaterniones], completamente maduros, el 16 de octubre de 1843, cuando paseaba con la señora Hamilton hacia Dublín, justo al llegar al puente de Brougham. Allí, y en aquel preciso instante, sentí que el circuito galvánico del pensamiento se cerraba y las chispas que saltaron de él fueron las ecuaciones fundamentales que ligan i, j, k [los nuevos números que hacen el papel de i dentro de los números complejos], exactamente igual a como los he usado siempre desde entonces... Sentí que en aquel momento se había resuelto un problema, que se había satisfecho una necesidad intelectual que me había perseguido durante más de quince años".

▶ Los **octoniones** se pueden definir como la extensión no asociativa de los cuaterniones. Fueron descubiertos por John T. Graves en 1843, y a la vez, y de forma independiente, por Arthur Cayley, que publicó su hallazgo en 1845. Son llamados, con frecuencia, números de Cayley.

Los octoniones componen un álgebra 8-dimensional sobre los números reales. Cada octonión forma una combinación lineal de la base: 1, e_1, e_2, e_3, e_4, e_5, e_6, e_7. La forma de multiplicar octoniones está dada en la tabla siguiente:

·	1	e_1	e_2	e_3	e_4	e_5	e_6	e_7
1	1	e_1	e_2	e_3	e_4	e_5	e_6	e_7
e_1	e_1	-1	e_4	e_7	$-e_2$	e_6	$-e_5$	$-e_3$
e_2	e_2	$-e_4$	-1	e_5	e_1	$-e_3$	e_7	$-e_6$
e_3	e_3	$-e_7$	$-e_5$	-1	e_6	e_2	$-e_4$	e_1
e_4	e_4	e_2	$-e_1$	$-e_6$	-1	e_7	e_3	$-e_5$
e_5	e_5	$-e_6$	e_3	$-e_2$	$-e_7$	-1	e_1	e_4
e_6	e_6	e_5	$-e_7$	e_4	$-e_3$	$-e_1$	-1	e_2
e_7	e_7	e_3	e_6	$-e_1$	e_5	$-e_4$	$-e_2$	-1

▶ Los **sedeniones** serían los equivalentes de los anteriores números pero para un álgebra de 16 dimensiones. La matriz de multiplicaciones es suficientemente compleja como para excusarla.

☯ Anécdotas de G. H. Hardy

El matemático inglés G. H. Hardy solía bromear de sus colaboradores y amigos. Una vez el matemático George Pólya le propuso una gran idea y Hardy le dijo que era muy buena. Luego, Pólya no trabajó lo suficiente como para desarrollarla y la idea se quedó en nada, lo que molestó a Hardy. Un tiempo después, estando Hardy visitando el zoo en Suecia con Marcel Riesz, vio a un oso en su jaula que se acercó a la cerradura, la olisqueó y la rozó con sus pezuñas, luego gruñó y se alejó de la puerta. Hardy dijo: "Ese oso es como Pólya. Tiene excelentes ideas, pero no las lleva a buen término".

En otra ocasión Hardy le dijo a su amigo Bertrand Russell que si pudiera encontrar una prueba de que Russell iba a morir en 5 minutos, lamentaría la muerte de su amigo, pero la pena sería compensada con creces con el placer de haber encontrado la prueba. Russell, matemático al fin y al cabo, dijo que entendía perfectamente a su amigo.

☯ Pobre vestuario

A comienzos de los años 1970 en Princeton, Eric Friedlander era profesor asistente del departamento de matemáticas. Ese semestre enseñaba un curso avanzado de su especialidad: topología algebraica. Un día dijo a sus alumnos: "Después de la clase de hoy habrán escuchado todas mis ideas. Después de la siguiente clase, habrán visto todas mis camisas".

☯ Hardy, Ramanujan y el número del taxi

Cierta vez G. H. Hardy visitó en el hospital a su protegido, el matemático indio Ramanujan. Sólo por darle conversación, Hardy señaló que el número del taxi que le había traído, el 1729, era un número bastante soso, a lo que Ramanujan replicó inmediatamente: "¡No, Hardy! ¡No! Se trata de un número muy interesante. Es el número menor que puede expresarse como suma de dos cubos de dos maneras distintas".

✪ Números de Kaprekar

Se denomina número de Kaprekar aquel que cuando se eleva al cuadrado y se toma un número determinado de dígitos de la derecha y se le suma el número remanente que queda a la izquierda, da el número original.

Ejemplo: $297^2 = 88209$; sus partes: $88 + 209 = 297$.

297 es, pues, un número Kaprekar.

Los primeros números Kaprekar son 1, 9, 45, 55, 99, 297, 703, 999, 2223, 2728, 4950, 5050, 7272, 7777 …

Muchos números consecutivos de la serie de Kaprekar, al ser sumados dan, por lo general, números redondos. Por ejemplo $1 + 9 = 10$; $45 + 55 = 100$; $297 + 703 = 1000$; $4950 + 5050 = 10000$; etc.

142.857 es Kaprekar: $142.857^2 = 20.408.122.449$. Separando este número en dos partes, y sumándolas, obtenemos: $20.408 + 122.449 = 142.857$.

1.111.111.111 es el número Kaprekar de 10 dígitos más pequeño.

Estos números, llenos de formas y caparazones sonoros, se deben al matemático indio Shri Dattatreya Ramachandra Kaprekar.

✪ El hotel de Hilbert y la paradoja de las series infinitas

David Hilbert describe un hotel con un número infinito de habitaciones, numeradas 1,2,3… Una tarde, el hotel completamente lleno, arriba un cliente inesperado buscando alojamiento. El director del hotel, no queriendo perder clientela, determina hacer hueco para el nuevo huésped mudando a cada cliente a la habitación que lleve un número superior, esto es, al huésped de la habitación 1 le conducirá a la habitación 2, el inquilino de la habitación 2 es trasladado a la habitación número 3, y así sucesivamente. De esta forma, la habitación 1 queda libre para el nuevo huésped. Al día siguiente, un autobús inmenso trae al hotel un número infinito de clientes. El director decide entonces trasladar al huésped de la habitación 1 a la habitación 2, al cliente de la habitación 2 a la habitación 4, al de la habitación 3 a la habitación 6... al de la habitación n a la $2n$. Como resultado de la "movida" se liberan todas las habitaciones con número impar que, como son infinitas, pueden albergar a los infinitos pasajeros recién llegados. Procediendo de esta manera el hotel puede dar cabida a un número infinito de nuevos clientes. Estas paradojas surgen siempre que se trabaja con infinitos.

☯ Curiosas anécdotas en torno a John von Neumann

Jacob Bronowski definió a John von Neumann como el hombre más listo que había conocido, sin excepción.

John von Neumann nació en Budapest el 28 de diciembre de 1903. Desde su niñez, Von Neumann estuvo dotado de memoria fotográfica. A los seis años de edad era capaz de bromear con su padre en griego clásico. La familia Neumann entretenía a veces a sus invitados con demostraciones de la capacidad de Johnny para memorizar listas de teléfonos. Un invitado escogía al azar una página y una columna de su agenda telefónica. El joven Johnny leía la columna unas cuantas veces, y posteriormente devolvía la agenda al huésped. A partir de ese momento era capaz de contestar correctamente a cualquier pregunta que se le formulara sobre los datos de la agenda (¿quién tiene tal número?) o bien recitar los nombres, direcciones o teléfonos en el orden correcto. He aquí otras anécdotas:

♦ Von Neumann mantuvo una pequeña guerra con el matemático Norbert Wiener. Durante una conferencia de Wiener, Von Neumann se sentó en primera fila y se entretuvo leyendo el *New York Times* con gran estrépito.

♦ Estudiaba cierta vez Von Neumann el problema de cómo se propagan las ondas de choque que se originan por una explosión. Un periodista le pidió que explicase su manera de proceder en el análisis. Miraron juntos la fotografía de la deflagración y mientras el periodista se mostraba impresionado por las esquirlas que salían disparadas hacia los lados, Von Neumann manifestó: "Una mente que trabaje con imágenes no puede apreciar lo qué ocurre aquí. Hay que contemplarlo desde una perspectiva abstracta. Lo que yo veo es que desaparece el primer coeficiente diferencial y que, por tanto, aquello que se muestra es la huella del segundo coeficiente diferencial".

♦ En cierta ocasión se le planteó a Von Neumann la siguiente adivinanza: "Dos trenes van en la misma dirección y sentido contrario. Se encuentran a 200 Km el uno del otro, y ambos avanzan a una velocidad de 50 Km por hora. Una mosca, en el exterior, comienza en ese momento a volar de un tren a otro a una velocidad de 75 Km por hora. Los trenes chocan y la mosca muere aplastada. ¿Cuántos kilómetros voló la mosca antes de morir?" Existe una solución sencilla: se mide el tiempo que tardan los dos trenes en chocar (2 horas); sabiendo que la mosca vuela a 75 Km por hora, es fácil deducir que habrá volado 150 Km. Pues bien, cuando Von Neumann se enfrentó al problema, reflexionó durante unos segundos y finalmente manifestó: 150 Km. "Muy bien", le dijeron, "¿cómo lo has resuelto?" "Muy fácil", contestó Von Neumann, "sumé la serie".

♦ Durante la época en que Von Neumann enseñó en Princeton, el ordenador de la universidad podía realizar apenas dos mil multiplicaciones por segundo. (Actualmente, un ordenador grande IBM Sistema 390 puede con 41 millones de operaciones por segundo). Pues bien, cuando hubo que probar el ordenador, alguien propuso que resolviera un problema de gran dificultad. Pero para saber si la máquina funcionaba adecuadamente, era necesario conocer antes la respuesta correcta. Por tanto, se improvisó una competición entre la máquina y Von Neumann. Von Neumann fue el primero en llegar a la solución.

♦ He aquí una anécdota que muestra las dotes extraordinarias de John von Neumann. Cuando trabajaba para la corporación RAND, surgió un problema tan complicado que ningún ordenador existente podía tratarlo. Entonces los jefes de RAND solicitaron a Von Neumann que les ayudase a construir un ordenador nuevo, más potente. Von Neumann les pidió primero que le explicaran el problema que pretendían resolver. Los investigadores tardaron dos horas en describirle la cuestión, anotándolo todo en una pizarra. Von Neumann se limitó a quedarse en su asiento, con la cabeza inclinada sobre las manos. Al final de la explicación, Von Neumann garabateó algo en una agenda de notas que tenía delante. "Caballeros", anunció finalmente, "no necesitan un nuevo ordenador. Acabo de resolver su problema".

Otras curiosidades sobre Von Neuman

◉ Una vez leído un libro o un artículo, Van Neumann era capaz de volverlo a citar palabra por palabra, incluso aunque hubieran pasado años. En una ocasión alguien le pidió que recitara el inicio de *Historia de dos ciudades*. Acto seguido, sin ninguna pausa, empezó a recitar el primer capítulo y continuó hasta que al cabo de diez o quince minutos se le pidió que lo dejase.

◉ Von Neumann también podía calcular mentalmente con velocidad y precisión sobrenaturales. Como lo prueba la siguiente anécdota. Cierta vez, un excelente matemático se detuvo en el despacho de Mr. Goldstine a discutir un problema que le había estado preocupando. Tras una larga e infructuosa discusión, el matemático dijo que se llevaba a casa una calculadora de mesa y evaluaría esa noche algunos casos especiales. Al día siguiente llegó al despacho con aspecto cansado y ojeroso. Al preguntarle Goldstine la razón dijo que había estado calculado cinco especiales de complejidad creciente durante toda la noche. Esa misma mañana vino inesperadamente Von Neumann en un viaje de consulta y preguntó cómo iban las cosas. Entonces Goldstine llamó al matemático para discutir el problema con Van Neumann. El matemático expuso algunos de sus casos especiales, sin revelar el trabajo numérico realizado la madrugada anterior. Entonces Von Neumann fijó la vista en el techo y en minutos calculó mentalmente cuatro de los casos laboriosamente evaluados con anterioridad. Cuando estaba calculando el quinto caso, el más difícil, el matemático anunció en voz alta la respuesta final. Von Neumann quedó completamente turbado y rápidamente volvió, con un ritmo más acelerado, a sus cálculos mentales. Al cabo de quizá cinco minutos dijo: "Su solución es correcta". Luego el matemático se fue, y Von Neumann pasó quizá otra hora de considerable esfuerzo mental tratando de comprender cómo alguien había encontrado un modo mejor de tratar el problema. Posteriormente se le informó de la situación y recuperó su aplomo.

> *«Por cierto, mi marido tiene muy poca idea de la distribución de la casa. Una vez, en Princeton, le pedí que me trajera un vaso de agua. Al rato volvió para preguntarme dónde se guardaban los vasos. Claro que sólo llevábamos en esa casa diecisiete años... Jamás ha cogido un martillo o un destornillador. Lo único que sabe arreglar son las cremalleras. Es capaz de hacerlo con los ojos cerrados».*
>
> *(Klara, mujer de von Neumann, hablando de su marido durante una entrevista para la revista* **Good Housekeeping***).*

☯ La rapidez de Ramanujan

En cierta ocasión un amigo le propuso a Ramanujan hallar una solución al siguiente sistema de ecuaciones, que él era incapaz de resolver.

$$\sqrt{x} + y = 7$$
$$\sqrt{y} + x = 11$$

Ramanujan dio la respuesta inmediatamente. ¿Puede usted hacer lo mismo?

Solución: $x = 9 \ y = 4$

☯ Antecedentes históricos de los números imaginarios

La primera raíz cuadrada de un número negativo que se conoce es $\sqrt{(81-144)}$, y aparecía en la *Stereometrica*, de Herón of Alejandría. Otra, $\sqrt{(1849-2016)}$, fue hallada por Diofanto, que la encontró como una posible raíz de una ecuación de segundo grado. Ninguno de los dos tomó este asunto seriamente. Porque si los números negativos ya eran de por sí considerados falsos, absurdos o ficticios, no es extraño que sus raíces cuadradas ni siquiera fueran ignoradas. Dentro de la modernidad, el primer matemático que puso sobre el papel una fórmula que incluía la aparentemente sin sentido raíz cuadrada de un número negativo fue el matemático italiano Gerolamo Cardano. Discutiendo la posibilidad de dividir el número 10 en dos partes cuyo producto diera 40, mostró que, aunque este problema no poseía solución racional, si podía obtenerse una respuesta mediante dos expresiones matemáticas imposibles:

$$5+ \sqrt{-15} \ y \qquad 5- \sqrt{-15}$$

☯ Dios está presente

Pocos atendían a los seminarios del matemático Hugo Steinhaus. Una vez sólo un colega suyo, Mark Kac y otro alumno estaban presentes. Eso no pareció preocupar a Steinhaus, que dio la clase como de costumbre. Al final de la clase Kac le preguntó cuál era la mínima asistencia para que él diera la clase. Steinhaus dijo: *"Tres facit collegium"*, que significa que tres hacen quórum. Al siguiente día, sólo Kac estaba presente, el otro estudiante había abandonado. Cuando Steinhaus iba a comenzar la clase, Kac le interrumpió: ¿Qué pasa con eso de que *"Tres facit collegium"*? Steinhaus respondió: "Dios está siempre presente". La anécdota se entenderá mejor si aclaramos que Steinhaus era un notorio ateo.

☯ Los siete puentes de Königsberg

La antigua ciudad de Königsberg, ahora conocida como Kaliningrado, es una urbe junto al río Preger con dos islas que se conectan con la ciudad a través de siete puentes. El río fluye alrededor de las dos islas. Todos los puentes menos uno, comunican las orillas con las islas, y el puente restante comunica las dos islas entre sí. Ver figura:

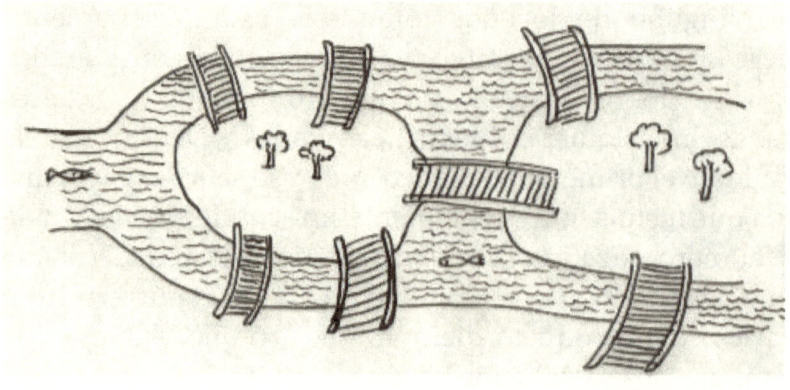

La tradición dominguera de Königsberg consistía en recorrer todos los puentes y tratar de hacer el periplo cruzando cada puente sólo una vez. Nadie lo lograba y muchos fueron los que estudiaron el problema. Pero tuvo que ser el maestro de todos los matemáticos, el gran Leonhard Euler, quien solucionara el enigma. En aquel tiempo Euler estaba al servicio de la emperatriz rusa Catalina la Grande, en San Petersburgo. Llegó a sus oídos el problema de los siete puentes y Euler, al resolverlo, inició una nueva rama de las matemáticas hoy conocida como topología. Euler demostró que cruzar los siete puentes de Königsberg sin repetir ninguno, era imposible. Para ello se requeriría que el número de puentes fuera par, no impar.

Hoy, Königsberg se llama, como ya hemos dicho, Kaliningrado y de sus originales siete puentes sólo quedan tres.

☯ Unas palabras sobre los pitagóricos

Pitágoras y sus discípulos enseñaban que todo estaba dispuesto según el número. Los números para ellos se circunscribían a los números enteros, y dentro de ellos, a los números naturales. Las fracciones se consideraban simplemente como ratios entre números naturales. Por ello fue una decepción enorme cuando descubrieron que la raíz de 2 ($\sqrt{2}$), hipotenusa de un cuadrado ideal de lado la unidad, no podía expresarse como ratio entre dos números naturales.

Los pitagóricos, de hacer caso a Anatolio, quien fuera obispo de Leodicea allá por el año 280, fueron los primeros en utilizar el nombre de "matemáticas", que ellos consideraban *"La ciencia"*, lo que es comprensible si se piensa que las matemáticas eran para ellos el conocimiento de los números y de las figuras geométricas, aspectos considerados a su vez como la esencia de la realidad.

Pitágoras y sus discípulos descubrieron también la relación existente entre la distancia de una cuerda estirada y el sonido que produce al tañerla. Notó que si una cuerda dada se acortaba a ½ de su distancia original, el tono producido era una octava mayor que el preliminar. De ahí que las cuerdas que mantienen la proporción de 1:2 produzcan sonidos que conservan la armonía. Fue precisamente este descubrimiento de los intervalos musicales (la octava de ratio 2:1, la quinta de ratio 3:2 y la cuarta de ratio 4:3) lo que llevó a los pitagóricos a considerar sagrado el número 10, pues diez era la suma de todos los números que formaban estos ratios primordiales:

$$1 + 2 + 3 + 4 = 10$$

En cuanto a la atribución a Pitágoras del teorema que relaciona los tres lados de un triángulo rectángulo ("la suma de los cuadrados de los catetos es igual al cuadrado de la hipotenusa"), teorema que lleva su nombre, parece ser que se lo apropió de los babilonios, quienes ya lo aplicaron a la resolución de problemas. Los babilonios también conocieron los "tripletes pitagóricos", esas igualdades de la forma:

$$x^2 + y^2 = z^2$$

y que permiten duplicar cuadrados.

Lo que sí fue descubrimiento de los pitagóricos fue la representación triangular del 10, que ellos denominaron *tetraktys* (ver, en el presente capítulo, la explicación en el número 10).

Pero el pensamiento pitagórico, si bien dominado por las matemáticas, era a la vez profundamente místico. En el área de la cosmología no hay acuerdo sobre si el mismo Pitágoras impartía enseñanzas, pero muchos eruditos creen que la idea pitagórica de la transmigración del alma es demasiado importante para haber sido añadida por un seguidor posterior a Pitágoras. Las fuentes de esta visión cosmogónica de los pitagóricos proviene de Diógenes Laercio (aprox. 200 a.n.e.), que en su clásico libro *Vidas, opiniones y sentencias de los filósofos más ilustres*, se da cuenta de cómo fue construida la cosmología pitagórica: "El principio de todas las cosas es la mónada o unidad; de esta mónada nace la dualidad indefinida que sirve de sustrato material a la mónada, que es su causa; de la mónada y la dualidad indefinida surgen los números; de los números, puntos; de los puntos, líneas; de las líneas, figuras planas; de las figuras planas, cuerpos sólidos; de los cuerpos sólidos, cuerpos sensibles, cuyos componentes son cuatro: fuego, agua, tierra y aire; estos cuatro elementos se intercambian y se transforman totalmente el uno en el otro, combinándose para producir un universo animado, inteligente, esférico, con la tierra como su centro, y la tierra misma también es esférica y está habitada en su interior. También hay antípodas, y nuestro 'abajo' es su 'arriba'.

Lo que no hay duda es de que las ideas pitagóricas, la creencia de que el número lo permea todo, que todo se basa en los números, ha sobrevivido hasta nuestros días y sigue influyendo en el pensamiento actual, tanto científico como en los extrarradios de la ciencia.

> *Heráclito Póntico refiere que Pitágoras decía de sí mismo que "en otro tiempo había sido Etálides y tenido por hijo de Mercurio; que el mismo Mercurio le tenía dicho pidiese lo que quisiere, excepto la inmortalidad, y que él le había pedido que vivo y muerto retuviese en la memoria cuanto sucediese". Así que mientras vivió se acordó de todo, y después de muerto conservó la memoria. "Que tiempo después de muerto, pasó al cuerpo de Euforbo y fue herido por Menelao. Que siendo Euforbo, dijo que había sido en otro tiempo Etálides y que había recibido de Mercurio el don de la transmigración del alma, como efectivamente transmigraba y circuía por todo género de plantas y animales; el saber lo que padecería su alma en el inferno y lo que las demás allí detenidas.*

☯ **El amor de los indios por los números enormes:**
La cosmogonía india está llena de números enormes. Con esas cifras tan elevadas querían, de alguna manera, representar a entidades o sistemas más allá de la comprensión humana. Y como presentación de este tipo de números, nada mejor que una historia que refleja la visión cósmica que se perseguía con los mismos:

La Torre de Brahma

Una historia india antigua enseña que en el gran templo de Benarés, bajo la cúpula que señala el centro del mundo, descansa una lámina de bronce en la que hay fijadas tres agujas de diamante, cada una de aproximadamente medio metro de altura y de grosor parecido al del cuerpo de una avispa. En una de estas agujas, desde la creación, Dios colocó 64 discos de oro puro, el disco más largo descansando sobre la lámina de bronce y los otros en orden ascendente, de forma que cada disco fuera menor que aquel sobre el que reposa. Así hasta completar los 64 discos. A la aguja que contenía los 64 discos se la conocía como La Torre de Brahma. Día y noche los sacerdotes transferían los discos de una aguja de diamante a otra de acuerdo a leyes fijas e inmutables dictadas por Brahma, que requieren que el sacerdote de servicio no debe mover más de un disco a la vez y que debe emplazar el disco en la nueva aguja de tal manera que no exista un disco de menor tamaño debajo de él. Cuando los 64 discos sean transferidos desde la aguja en que por primera vez fueron colocados por Dios a una de las otras dos agujas, la torre, el templo y los propios sacerdotes se convertirán en polvo, y con un estruendoso ruido, el mundo se desvanecerá.

Esta leyenda no dice, empero, el tiempo que se necesitaría para completar la labor descrita. Pero las matemáticas sí nos lo dicen. Y su respuesta es tranquilizadora. Los sacerdotes brahmines necesitarían: $2^{64} - 1$ movimientos para completar la tarea. En cómputo entendible, 18.446.744.073.709.551.615 movimientos. A razón de un movimiento por segundo, sin parar ni equivocarse, y teniendo en cuenta que hay 31.557.600 segundos en un año de 365,25 días, se necesitarían más de 584 millardos de años, exactamente 584.542.046.090 años, 7 meses, 15 días, 8 horas, 54 minutos y 24 segundos. Un período tranquilizador.

✪ La esperanza de vida de D'Alembert

Jean le Rond d'Alembert (1717-1783), conocido más por su participación en la elaboración de la primera Enciclopedia que por otros méritos intelectuales, fue un matemático dotado y adelantado. Fue el primero que propuso utilizar las matemáticas para resolver y analizar problemas sociales. De él surgió el concepto de "esperanza de vida", que él mismo estudió sobre la población de París. Gracias a estos estudios sabemos que la vida media de un ciudadano de la mencionada capital, en su época, mediados del siglo XVIII, era de 26 años.

✪ Cardano se va de la lengua

Cardano, con extrema diplomacia y promesas de confidencialidad jurada ante los santos Evangelios, logró que Tartaglia le confiara el método de resolución de las ecuaciones de tercer grado o cúbicas. Luego, es sabido, Cardano no respetó el acuerdo y publicó el método en uno de sus libros más famosos. Si bien reconocía la primacía de Tartaglia, éste se enfadó con él para el resto de sus días.

Tartaglia, por cierto, era un hombre muy desconfiado y secretivo. Cuando tuvo la oportunidad de explicar su método de resolución de las ecuaciones cúbicas, lo hacía con versos crípticos del tipo:

Quando che'l cubo con cose apresso
(Cuando el cubo es traído cerca de las cosas)

Se agguaglia a qualche numero discreto
(Se hace igual a una discreta cantidad)

Trovan dui altri, differenti in esso ...
(Otras dos son encontradas, diferentes en eso…)

Y así hasta cansar al más paciente de los oyentes.

Libro de matemáticas singular

Existe un libro muy especial en la librería matemática de la Universidad de UCLA. En realidad, se trata de un a samizdat (es decir, un libro auto publicado), pero encuadernado y manteniendo la dignidad entre otros gruesos volúmenes. Se titula:

Sex, Crime, and Functional Analysis Part I:
Functional Analysis
(Sexo, crimen y análisis funcional, Parte I: Análisis funcional)
De
J. D. Stein

☯ Los matemáticos polacos y los cafés

Cuando Stanislaw Ulam era estudiante en Polonia, los matemáticos solían reunirse en los cafés, donde mantenían discusiones sobre asuntos matemáticos. Como pizarras improvisadas utilizaban el mármol de las mesas. Uno de los más concurridos por entonces era el *Café Sckocka* (*Café Escocés*), sede de las reuniones diarias de Banach, quien en 1934 aportó un gran libro de notas en el que se inscribían los problemas que surgían y, cuando era posible, sus soluciones. Este libro permanecía en el café y un camarero lo traía cuando era requerido para hacer anotaciones, después de las cuales, muy ceremoniosamente, lo devolvía a su lugar de recogida. Durante los años de la ocupación rusa, algunos matemáticos de este país visitaron el café y anotaron en el libro varios problemas con promesas de premios a quien encontrara la solución. La última inscripción lleva fecha de 31 de mayo de 1941. Después, durante la ocupación alemana, iniciada en el verano de aquel mismo año, nadie se preocupó del libro, hasta que un hijo de Banach, neurocirujano, se lo llevó a Wraclaw (antes Breslau). En 1957 Ulam recibió una copia enviada por Steinhaus, la tradujo y la distribuyó entre matemáticos amigos. Al parecer, algunos matemáticos de Lvov continuaron la tradición del *libro escocés* tras la guerra.

☯ La paradoja Banach-Tarski

Cierro este breve capítulo con una paradoja elucubrada por dos matemáticos polacos que lograron, con ella, situarse en una posición ligeramente oblicua con relación al universo matemático. Banach y Tarski pertenecían a un grupo de matemáticos que se reunían en el Scottish Café en la ciudad de Leópolis (Lvov), entonces Polonia y ahora perteneciente a Ucrania. De esas reuniones surgieron ideas curiosas, entre ellas la que se conoce como "Paradoja Banach-Tarski". Data de 1924 y afirma que es posible descomponer (dividir) una esfera sólida en un número finito de piezas que posteriormente podrían ser reagrupadas, por medio de movimientos rígidos, para formar dos esferas sólidas cada una del mismo tamaño que la original. Banach y Tarski no pusieron límite al número de piezas requeridas, pero en 1928, John von Neumann afirmó sin pruebas que sólo se necesitarían nueve piezas. En 1946 Raphael Robinson redujo esta cantidad a cinco. Con menos de cinco no es posible.

Este teorema suena completamente demente y todavía mucha gente se resiste a creerlo. ¿Qué pasa con el volumen?, argumentan. Éste se duplica, le responden. ¡Pero eso es imposible! Pero sí, es posible: el ardid consiste en que las piezas cortadas son tan complicadas que no poseen volumen. Y como no poseen volumen, el volumen total puede cambiar.

Para hacernos una idea más cercana a nuestro entendimiento de la paradoja, pensemos en un diccionario mejor que en una esfera. Éste es el truco que emplea el matemático Ian Stewart para facilitar la comprensión. Se trataría de un diccionario idealizado denominado **HiperEspasa**, que contendría todas las posibles palabras, tengan éstas sentido o no, que puedan formarse con las 26 letras de nuestro abecedario. Las palabras se arreglan en orden alfabético. Comienza con la serie: A, AA, AAA, AAAA, AAAAA… y sólo tras agotar esta secuencia hasta el infinito se pasa a la AB, ABA, ABAA... Queda claro que todas las palabras, incluidas, AAWWISKKY, BANACH, TARSKI Y ZORRESTIADA tienen cabida en la lista. Ahora vamos a descomponer el **HiperEspasa** en 26 copias de sí mismo, cada una conservando el orden alfabético original, pero con una palabra añadida.

La primera de las 26 copias, llamémosle "Volumen A", consistiría en el **HiperEspasa** original anteponiendo una A a todas las palabras. El segundo volumen, denominado "Volumen B", consistiría en el **HiperEspasa** original anteponiéndole B a todas las palabras del mismo. Y así hasta completar las 26 copias, una por cada letra del abecedario.

Echemos un vistazo al "Volumen B". Este volumen comienza con BA, BAA, BAAA, BAAAA... En realidad, este volumen contendría todas las palabras del **HiperEspasa** exactamente una vez, pero con la B pegada al comienzo de cada una: BAAWWISKKY, BBANACH, BTARSKI y BZORRESTIADA. Incluso conservando el mismo orden. Esto sucedería en cada uno de los volúmenes construidos con las 25 letras restantes del alfabeto. Cada volumen es una copia perfecta del primitivo **HiperEspasa**, con una letra extra al comienzo de cada palabra. En resumen, un **HiperEspasa** puede ser cortado y vuelto a ensamblar, sin alterar el orden de las palabras, para formar 26 **HiperEspasas** idénticos más un alfabeto de recambio (extra). Si cambiamos la palabra **HiperEspasa** por "esfera", la palabra "palabra" por "punto" y la frase "sin alterar el orden de" por "sin alterar las distancias entre", obtenemos una explicación para la paradoja Banach-Tarski aplicado a los volúmenes de las esferas. Bueno, o casi. Hay momentos en que la razón que se enfrenta a este desconcertante problema trata de huir, mostrando así que el movimiento primordial frente a las paradojas es el movimiento exílico. Para aplacar las dudas que suscita esta paradoja, lacerantes algunas, les recuerdo que los matemáticos, y pese a su enorme carga de extrañeza, aceptan esta demostración.

> *Otra consecuencia del teorema [Paradoja de Banach & Tarski], realmente más alarmante, es que si tomamos una esfera de radio una unidad (una esfera "unidad") y la cortamos en nueve trozos que posean la propiedad descrita por ambos matemáticos, cinco de esos trozos pueden juntarse, sin huecos, para formar una esfera y los restantes cuatro trozos, también sin huecos, podrían rearmarse en otra esfera. Es como obtener algo de la nada.*
> (Calvin C. Clawson)

☯ Las matemáticas y la publicidad

Miquel Albertí, en su libro *La creatividad en matemáticas* recoge un caso del uso de las matemáticas en un anuncio de coches. En el anuncio se mostraba el vehículo reflejado sobre un suelo tan limpio que reflejaba los objetos. El efecto producido era como si el coche anduviera sobre un espejo. Sobre la imagen se podían leer una fórmula y un lema:

1+1= ∞
The pursuit of perfection

Y se pregunta Albertí: ¿Tiene realmente algo que ver la igualdad **1+1= ∞** con el afán de perfección? De entrada, podrá parecer una falsedad igualar la suma de un número tan finito como es el 1 consigo mismo al infinito. Una igualdad que trae consecuencias inesperadas:

1+1= ∞ = 2 = ∞

¿Acaso tiene esto algún sentido? Pero para la publicidad todo tiene sentido mientras se venda el producto que se anuncia.

❧ Una petición al profesor
Alguien pidió una vez a A. C. Aitken, profesor de matemáticas de la Universidad de Edimburgo, que diese la expresión decimal de 4 dividido por 47. Al cabo de cuatro segundos empezó a dar una cifra cada tres cuartos de segundo: «0,08510638297872340425531914». Se detuvo, consideró el problema durante un minuto y luego empezó de nuevo un poco antes de donde lo había dejado: «191489» -pausa de cinco segundos- "361702127659574468. A partir de aquí se repite; empieza otra vez con 085. De modo que, si hay cuarenta y seis cifras en esta serie, está bien".

❧ Inspiración de la lógica matemática

En 1840, George Boole sufrió una visión religiosa mientras atravesaba un campo cerca de Doncaster al atardecer. De repente, supo cómo se podían usar las matemáticas para descifrar los procesos lógicos del pensamiento humano. Los mismos símbolos del álgebra podían emplearse para describir lo que sucedía cuando alguien reflexionaba en su cabeza. Sólo se necesitaba reducir estos pensamientos en forma binaria. Si esto, entonces aquello. Si aquello, entonces esto no. En 1854, Boole publicó un libro que causó sensación. Lo tituló *An Investigation of the Laws of Thought*. Su objetivo expreso era «investigar las leyes fundamentales de aquellas operaciones de la mente mediante las cuales se ejecuta el razonamiento». A Boole lo impulsaba una creencia casi mesiánica en que Dios mismo le había permitido vislumbrar la verdad de la mente humana.

❂ Curiosidades del número 365

El número 365, al dividirse por 7 da de residuo 1. Este insignificante residuo, no obstante, tiene especial significación en nuestro calendario de 7 días, obligando a ajustar los días de año cada cierto tiempo (años bisiestos).

Otra propiedad del número 365, ésta estrictamente aritmética, es la siguiente:

$$365 = (10 \times 10) + (11 \times 11) + (12 \times 12)$$

es decir, es igual a la suma de los cuadrados de tres números consecutivos, empezando por el 10:

$$10^2 + 11^2 + 12^2 = 100 + 121 + 144 = 365.$$

Pero, además, es igual a la suma de los cuadrados de los dos siguientes números, 13 y 14:

$$13^2 + 14^2 = 169 + 196 = 365.$$

❂ La cinta topológico-demoníaca

El nombre de August Ferdinand Moebius (1790-1868), o Möbius, está vinculado a dos cuestiones de índole topológica. Primero, en 1840, el problema de los cuatro colores. El otro problema, que data de 1858, se refiere a la famosa "superficie unilátera", más conocida como "cinta de Moebius", y que tiene esta forma singular:

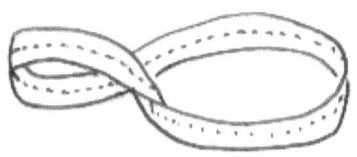

Para construir una cinta como la que representa el dibujo, tómese una cinta de papel, désele media vuelta hacia un lateral y péguense los dos extremos. Así de fácil.

Matemático de frágil memoria
J. J. Sylvester envió un trabajo a la Sociedad Matemática de Londres para su publicación. Acompañaba el trabajo con una declaración afirmando que decía que era el resultado más importante en la materia de los últimos 20 años. La secretaria de la Sociedad le respondió diciendo que coincidía con Sylvester en la valoración del trabajo, pero que ya se lo había publicado hace cinco años en la revista de la Sociedad.

❂ Hipatia, la primera mujer matemática

Alejandría fue el centro del saber científico en el período helenístico. Fue allí, hacia el año 300 de nuestra era, donde se formó el primer centro de investigaciones sobre saberes que hoy denominaríamos "científicos": el **Museion**. Este Museo poseía una biblioteca con cerca de 400.000 volúmenes, jardines botánicos y zoológicos, aulas, refectorio y un observatorio astronómico. Allí trabajaba el matemático y astrónomo Teón, que tenía una hija, Hipatia, también matemática y filósofa. Sábese que Hipatia escribió libros de matemáticas que incluían comentarios sobre *Las crónicas de Apolonio* y la obra de Diofanto. Daba clases de matemáticas, de astronomía y sobre la filosofía de Platón y Aristóteles. Se dice, también, que construyó con sus propias manos un hidrómetro y un astrolabio.

En aquella época el cristianismo fue declarado religión oficial del Estado por el emperador Teodosio, lo que originó intensos conflictos ideológicos en Alejandría, hasta ese momento una ciudad de concordia y tolerancia. A las clases del Museo, por ejemplo, asistían neoplatónicos, judíos, cristianos y paganos, sin que surgiesen disputas de ningún tipo. Pero al erigirse el cristianismo en religión oficial, sus fieles consideraron perniciosas y peligrosas las ideas filosóficas que no coincidiesen con sus creencias. Como resultado de esta intransigencia se produjeron revueltas. En uno de estos tumultos, Hipatia fue brutalmente asesinada en la calle por cristianos contrarios a la libre enseñanza de la filosofía. Estos piadosos cristianos, en su fervor, arrancaron la carne de los huesos de Hipatia utilizando afiladas conchas de ostra. El instigador de este asesinato, como se supo más tarde, fue el arzobispo, luego canonizado, San Cirilo.

❧ El número de oro

El número de oro, o proporción divina (también denominado número dorado, razón áurea) se representa por la letra griega Φ (pronunciado "fi", en honor del escultor griego Fidias, que al parecer lo utilizaba como proporción de valor estético en sus figuras). Este número es una proporción muy peculiar que se da en un rectángulo con propiedades también singulares y que se conoce como "rectángulo de oro". El rectángulo de oro es aquel que se forma con un cuadrado y un añadido que sale del primero, de tal manera que, siendo B la distancia de la base del cuadrado original y A la distancia de la base del nuevo

rectángulo formado, se dé la proporción: A/B = Φ = 1,6180339...
Ese ratio o proporción es el número de oro de los pitagóricos.
Para mayor comprensión veámoslo gráficamente:

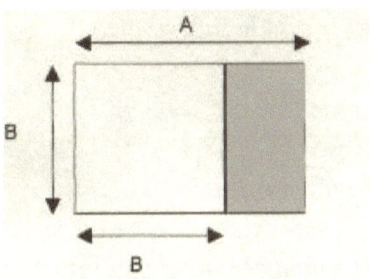

La singular propiedad de esta figura geométrica estriba
en que si le quitamos el cuadrado que forma B x B, los lados del
nuevo rectángulo que queda (sombreado) mantiene la misma
proporción que el original. Esta propiedad se da únicamente en
los rectángulos de oro. Este número posee unas propiedades
tanto aritméticas como estéticas que ha merecido libros enteros.

Paréntesis para la diversión
SUMMA MATEMÁTICA

*Entre los matemáticos circula el siguiente dicho: "las matemáticas son
demasiado importantes para dejarlas en manos de los matemáticos".
Quizás siguiendo tan singular consejo, esta materia tan seria ha caído
en manos de los humoristas, quienes a su costa han celebrado toda
clase de chistes y lances divertidos. Y es que todo debe tomarse cum
grano salis. A continuación les presento una colección de chistes
recopilados de hojas volanderas que pululan por los institutos de
enseñanza media y universidades.*

♠ *- Tú que eres matemático, ¿crees en Dios?*

   - Sí, salvo isomorfismos.

♠ *En mitad de una conferencia de matemáticas, un oyente alza la
mano y manifiesta:*

   - ¡Tengo un contraejemplo para ese teorema!

A lo que el conferenciante responde:

- No importa, tengo dos pruebas.

♠ - ¿Por qué se suicidó el libro de "mates"?

- Porque tenía demasiados problemas.

♠ Dos vectores se encuentran y uno le dice al otro:

- ¿Tienes un momento?

♠ - ¿Quién inventó las fracciones?

- Carlos quinto.

♠ - ¿Qué sucede cuando *n* tiende a infinito?

- Que infinito se seca.

♠ - ¿Cómo puedes saber si tu novia es buena con las matemáticas?

- Examínala, sustráele la ropa, súmala a tu dormitorio, divide sus piernas y dale una buena raíz.

♠ Un ingeniero, un matemático y un físico van a cazar ciervos. Otean un buen ejemplar y el físico dispara primero, fallando a la derecha. Luego dispara el ingeniero, fallando a la izquierda. Entonces le preguntan al matemático si va a disparar o no.

- No, ¿para qué? Prefiero interpolar.

♠ Le preguntan a un matemático:

- ¿Qué harías si vieras una casa ardiendo y justo enfrente una manguera sin conectar a una boca de riego?

- La conectaría, obviamente.

- ¿Y si la casa no estuviese ardiendo, pero la manguera estuviese conectada?

- Quemaría la casa, desconectaría la manguera y luego usaría el método anterior.

❂ **La Tetraktys**

Para los pitagóricos, la tétrada o número cuatro participaba por un lado de un rasgo de la díada, de la que era el cuadrado y, por otro, del cariz sagrado de la **Tetraktys**, cuarto número triangular, pero también símbolo figurado de la Década:

El diagrama de la **Tetraktys** fue para los miembros de la cofradía pitagórica un símbolo esotérico tan importante como el pentagrama.

☯ Problema de comensales

Suponiendo que 12 personas pretendieran almorzar y cenar juntas alrededor de una mesa, cambiando cada vez la disposición de los comensales, necesitarían 39.916.800 comidas para agotar todas las posibilidades, o sea 19.958.400 días (más de 546 siglos).

☯ El matemático se defiende

El matemático inglés J. J. Sylvester viajó a América para ser profesor en la Universidad de Virginia. La lucidez e ingenio que puso en sus clases tanto sobre matemáticas puras como aplicadas le ganó una inmediata popularidad entre los estudiantes. Pero intervino el antisemitismo. El periódico de la iglesia local deploró la influencia que ese judío y, para colmo, inglés, podría ejercer sobre la juventud cristiana. Sylvester sufrió los insultos de unos pocos estudiantes gamberros, especialmente de dos hermanos a quienes había reprendido por su ignorancia. Pero la cosa se agravó al recibir Sylvester amenazas de violencia. Sylvester se agenció un bastón-espada que, casualmente, llevaba cuando fue abordado por los hermanos. El más joven iba armado con un pesado palo. Dio la casualidad de que un testigo presenció el encuentro. El hermano más joven se puso enfrente del profesor Sylvester y le exigió una disculpa. Casi inmediatamente golpeó a Sylvester, tirándole su sombrero, y luego dio un golpe con su palo en la cabeza descubierta del profesor. Sylvester sacó su espada-bastón y se lanzó directo hacia él golpeándole justo sobre el corazón. Con un aullido desesperado, el estudiante cayó al suelo. Afortunadamente no murió, pero Sysvester tuvo que abandonar la universidad y el país.

La normalidad es una curiosidad estadística, casi siempre injusta.
(Jorge Wagensberg)

❦ Síndrome de Discalculia

Ante la inundación de estadísticas y sondeos que los medios de comunicación nos brindan con harta generosidad, cada vez son más los que pasan de ellas. Según el *Instituto Nacional de Estadísticas no Impugnables*, de EE.UU., frente a las estadísticas suelen tomarse las siguientes actitudes:

. Ignorarlas completamente
. Reaccionar visceralmente
. Aceptarlas alegremente
. No creerlas tras haberlas estudiado
. No entender o malinterpretar su significado

Según este mismo Instituto, el 88,48 % de los destinatarios de las encuestas adoptamos una de las anteriores reacciones 5,6 veces al día, lo que arroja una enorme "discalculia" por persona y año.

❦ Una fracción curiosa

La fracción 1/998 =

    0.00100200400801603206412825651302605210420841683366
7334669...,

Un decimal que se repite y en el cual las potencias de dos aparecen una detrás de otra hasta que comienzan a sobreponerse y rompen el patrón:

    0.001
    0.000002
    0.000000004

136

0.000000000008
0.000000000000016
0.000000000000000032
0.00000000000000000064
0.00000000000000000000128
0.00000000000000000000000256
0.000000000000000000000000000512
0.0000000000000000000000000000001024
0.000000000000000000000000000000002048

.   .   .

0.0010020040080160320641282565130260052...

◉ **Anécdotas y despropósitos sobre estadísticas... y demás por cientos:**

♣ El 97,3% de las estadísticas han sido claramente inventadas.

♣ - ¿Has oído ese chiste de estadísticos?
  - Probablemente...

♣ En realidad, volar en avión es muy seguro. La práctica totalidad de los fallecidos en accidentes aéreos han muerto al llegar al suelo.

♣ Durante la Segunda Guerra Mundial, a un despierto oficial se le ocurrió la idea de comprobar y anotar dónde habían sido tocados los aviones al volver de sus misiones con el fin de reforzar esos puntos. De esa forma se elaboraron estadísticas sobre aquellas zonas del avión que parecían estar más expuestas. Al analizar los resultados, sin embargo, se dieron cuenta de un pequeño detalle: ciertamente había que reforzar las zonas que recibían más impactos... pero de los aviones que **NO** volvían de sus misiones.

♣ En los accidentes ferroviarios, el mayor número de víctimas suele darse en el último vagón (el primero suele ser la locomotora, y allí no van pasajeros). Por lo tanto, una forma de salvar vidas humanas es retirar el último vagón de cada tren.

♣ El 33 % de los accidentes mortales de circulación involucran a personas que han bebido. Por lo tanto, el 67 % restante ha sido causado por alguien que no había bebido. En vista de estos datos, está claro que la forma más segura de conducir es ir borracho.

♣ Comer pepinillos es fatal para la salud. Un reciente estudio demuestra que el 99% de aquellas personas que comieron pepinillos en 1901 han muerto.

♣ Claro que si los pepinillos son malos, imagínese los hospitales... todo el mundo sabe que las probabilidades de morir en un hospital son mucho mayores que las de morir en cualquier otro lugar.

♣ En Nueva York un hombre es atropellado cada diez minutos. El pobre tiene que estar hecho polvo.

♣ La tasa de natalidad es el doble que la tasa de mortalidad; por lo tanto, una de cada dos personas es inmortal.

♣ Cuando ocurre un incendio, el número de bomberos suele ser más elevado cuanto mayor sea el daño originado por el fuego. Por lo tanto, el número de bomberos influye en la magnitud del incendio.

♣ Para los estadísticos, una persona típica tiene una teta y medio pene.

♣ En una conferencia sobre humor, Larry Wilde, uno de los ponentes, propuso que todos los artículos o discursos que se presentaran durante la conferencia deberían ser al menos un 15 % divertidos. Lo dijo 100 % serio.

♣ La inmensa mayoría de las personas tiene un número de piernas superior al promedio. Ello es cierto a condición de que al menos exista un cojo.

♣ La ciudad del Vaticano tiene dos Papas por kilómetro cuadrado.

♣ De los datos se desprende que las investigaciones en biología producen cáncer en las ratas.

♣ Cientos de niños mueren de hambre en el tiempo que dura una clase de matemáticas. Estudia filosofía.

♣ 9 de cada 10 médicos están de acuerdo en que 1 de cada 10 médicos es un idiota.

♣ Existe una fuerte correlación entre el tener los pies grandes y el saber multiplicar. (Por lo menos si la muestra incluye niños y personas mayores)

☮ Jedediah Buxton y Shakespeare

Al joven prodigio matemático del siglo XVIII Jedediah Buxton, le llevaron un día al teatro, a Londres, a ver su primera representación: *Ricardo III*, de Shakespeare. Al acabar la función, al ser preguntado sobre qué le había parecido la obra, lo único que pudo responder fue que el número de pasos durante los bailes fueron 5.202 y el número de palabras emitidas por los actores fue de 12.445. No tenía opinión sobre el significado de las escenas, ni sobre el argumento. Su cabeza de calculista sólo veía números. Además, se comprobó que eran correctos.

☮ El científico corrige al poeta

Cuando Tennison escribió *The Vision of Sin*, Babbage, matemático y diseñador de la primera máquina de calcular, lo leyó y luego le envió al autor la siguiente carta:
"En su por otra parte bello poema, hay un verso que reza:
    Every moment dies a man / Every moment one is born.
    (En cada instante muere un hombre, En cada instante otro
                    nace)
Debo manifestarle que, de ser eso cierto, la población de mundo hubiera permanecido estable. De hecho, la ratio de nacimientos es un poco superior al de muertes. Sugeriría que, en una nueva edición de su poema, éste dijera:

    Every moment dies a man / Every moment 1,03 is born.

    (En cada instante muere un hombre, En cada instante nacen
                 1,03 hombres)

Y especificaba el matemático: "Para ser exactos, eso tampoco sería correcto. La cifra real supone un decimal tan largo que no cabría en la línea, pero creo que 1,03 es suficientemente preciso para la poesía".

☯ Las etapas de senectud de un matemático
El matemático húngaro Paul Erdös solía bromear con la muerte y con la senectud. Frecuentemente hacía chistes sobre la pérdida de capacidad cerebral. Sostenía que había tres etapas en la degeneración de un matemático:
1. Primero olvidas tus teoremas
2. Segundo, te olvidas de abrocharte la bragueta.
3. Por último te olvidas de desabrochártela.

Mark Twain y las matemáticas
ARITMETICUS:
Si a una bola de cañón le tomaría 3 1/3 segundos viajar 4 millas y 3 3/8 segundos recorrer los siguientes cuatro, y 3 5/8 los cuatro siguientes, y si el ratio de progreso continúa disminuyendo en la misma proporción, ¿cuánto tardaría en recorrer mil quinientos millones de millas?
MARK TWAIN:
No lo sé.

☯ La asombrosa precisión de las matemáticas en la naturaleza
Estos son algunos datos que confirman la precisión de las matemáticas con relación a los fenómenos naturales:
• La geometría euclidiana posee un margen de error inferior al que representa el ancho de un átomo de hidrógeno con relación a un metro. Es el efecto de la Teoría de la Relatividad la causante de que no sea totalmente precisa.
• La mecánica newtoniana posee un margen de error inferior a uno entre 10^7. De nuevo es el efecto de la Teoría de la Relatividad la causante de este mínimo margen de error.
• La electrodinámica de Maxwell posee un margen de error que se mueve en escalas del tamaño de las partículas, cuando se

combina con la mecánica cuántica, y una precisión macroscópica que alcanza, en mediciones del tamaño de galaxias, un margen de error de uno entre 10^{35}.

• La Teoría de la Relatividad de Einstein posee un margen de error de aproximadamente uno entre 10^{14}, la mitad que la mecánica newtoniana.

• La mecánica cuántica es una teoría asombrosamente precisa. Dentro de esta microscópica especialidad existen efectos cuya precisión supera la escala de uno entre 10^{11}.

☯ En Rusia no se comen a los campesinos

El matemático Abram Besicovitch, ruso de nacimiento, estaba imbuido de ideas del siglo XIX. Después de la Primera Guerra Mundial dejó Rusia y se estableció como profesor en Cambridge. Al llegar se le dio una cena de bienvenida y el plato principal era un ave de caza. Con duro acento ruso, preguntó Besicovitch qué tipo de carne era la que estaban comiendo. Cuando oyó la respuesta dijo: "En Rusia no está permitido comer campesinos". La gracia de la anécdota requiere el idioma inglés, pues lo que le habían dicho que comía era faisán (pheasant), que se pronuncia parecido a campesino (peasant).

☯ El acento de Besicovitch

El matemático ruso emigrado a Inglaterra Abram Besicovitch, si bien enseguida aprendió inglés, su nivel conversacional adolecía de ciertos defectos, como su fuerte acento ruso y el no poner artículos a los nombres, a la manera de Rusia. Un día, durante una de sus clases, los alumnos hicieron risitas de su inglés. Besicovitch se volvió a ellos y les dijo: "Caballeros, hay cincuenta millones de ingleses que hablan el inglés que ustedes hablan; hay doscientos millones de rusos que hablan el inglés que yo hablo". Las risitas acabaron.

Cuidado con los matemáticos y con todos los que hacen vanas profecías. Existe el peligro de que los matemáticos

141

hayan hecho un pacto con el diablo para enturbiar los espíritus y confinar a los hombres en la esclavitud del infierno.

(San Agustín, De Genesi ad Litteram)

☯ Problema resuelto

Un ingeniero, un matemático y un físico se quedan en un hotel a pasar la noche. El ingeniero nota que su cafetera está echando humo, así que se levanta de la cama, la desconecta, la pone bajo la ducha y, cuando considera que la chapa exterior del aparato está templada, vuelve a la cama.

Un poco más tarde el físico también huele a humo. Se levanta y advierte que una colilla mal apagada ha caído en una papelera y algunos papeles comienzan a arder. Entonces se pone a reflexionar: "Hmm. Si el fuego se extendiera, las altas temperaturas podrían dañar a alguien. Debería apagar este fuego. ¿Cómo puedo hacerlo? Vamos a ver... Podría hacer descender la temperatura de la papelera por debajo del punto de ignición del papel, o quizás aislar el oxígeno del combustible... vaya, podría conseguir todo esto echando agua". Así que agarra la papelera, se dirige a la ducha, y la llena de agua. Apagado el fuego, se acuesta y se duerme.

Al rato el matemático se da cuenta de que su cama está ardiendo porque unas cenizas de su pipa han prendido en el cobertor. Pero como desde la ventana ha estado observando lo que han hecho sus compañeros, sabe que eso de apagar un fuego es un problema resuelto anteriormente, así que no hace caso y se duerme.

☯ Matemáticas para no equivocarse en la celebración de efemérides.

En la primera mitad del siglo XX Italia celebró tres bimilenarios casi seguidos: en 1930 el bimilenario del nacimiento de Virgilio, en 1935 el del nacimiento de Horacio y en 1937 el del nacimiento de Augusto. Hubo de ser un tímido profesor británico quien advirtiera a las abochornadas autoridades fascistas que, como Virgilio, Horacio y Augusto habían nacido respectivamente en los años 70, 65 y 63 antes de nuestra era, las fastuosas celebraciones correspondería haberlas hecho en los años 1931, 1936 y 1938. Y es que, en el calendario que nos rige, el año cero no existió. Se pasa del menos uno al año uno. La culpa la tuvo el inventor de la era cristiana, el monje Dionisio el Pequeño (*Dionysius Exiguus*). Este monje calculó en el año 525 que el nacimiento de Cristo correspondía al 25 de diciembre del año 753 de la fundación de Roma, y llamó año uno (y no año cero) de la nueva era al año siguiente, es decir, al año 754. Además, para mayor bochorno, el monje *Dionysius Exiguus* se equivocó en cinco o seis años. Es decir, Cristo, según las fuentes históricas que se utilizan en estos momentos, parece ser que no nació hace 2010 años, sino hace ya 2014 ó 2015.

Tres números de Platón

216:

Al número 216, que es igual a 6^3, se le denomina número de Platón porque el filósofo griego alude a él en un oscuro pasaje de la **República**. *En ese pasaje, Platón discute las propiedades de cierto número y remarca que "de él (216) puede depender las mejores y peores generaciones en esta imaginaria república. Sabía, como los pitagóricos, que 6 era el primer número perfecto y 216 era elevar al cubo dicha perfección.*

729:

Este número posee curiosas propiedades aritméticas:
$729 = 3^6$ y por lo tanto es 1.000.000 en base 3.
729: 9^3 y es a la vez el segundo menor cubo que es la suma de tres cubos: $9^3 = 1^3 + 6^3 + 8^3$. Pero dado que $6^3 = 3^3 + 4^3 + 5^3$ (la suma de tres cubos), 729 o 9^3 es también la suma de cinco cubos.
Este número misterioso aparece también en la **República** *de Platón: "Si uno fuera a expresar la diferencia en intervalo respecto al verdadero placer entre el rey y el*

tirano, comprobará al calcularlo que él vive 729 veces más feliz y que la vida del tirano es 729 veces más penosa".
Se sabe que el número 729 fue de gran importancia para los pitagóricos, siendo 27^2.

5040:
5040 es el factorial de 7 o 7! = 1 x 2 x 3 x 4 x 5 x 6 x 7. También 5040 = 7 x 8 x 9 x 10, haciendo de él el único número que es el producto de números naturales consecutivos en dos formas distintas.
Platón, en sus Leyes, sugirió que 5040 era el número de hombres para una ciudad ideal, pues contiene el número de subdivisiones más numeroso y consecutivas (59 divisores, además del mismo número), siendo propicio para subdividirlos por motivos bélicos o pacíficos.

☯ Los cálculos de la democracia

En las elecciones de 1986 en los Estados Unidos, cerca de 112 millones de ciudadanos tenían derecho a voto, aproximadamente un 50 % de la población. En esas elecciones votó un 37 %, lo que equivale a unos 42 millones de ciudadanos, o un 19 % de la población. Pero resultó que el 20 % de los votos no llevaban ninguna marca, lo que los hizo inválidos, y redujo el número de votantes reales a 34 millones, o un 15 % de la población. El ganador de las elecciones raramente consigue más del 55 % de los votos válidos, lo que lleva a concluir que es elegido con apenas los votos del 8 % de la población. ¿No es sorprendente? ¿Puede un presidente elegido con tan exiguo porcentaje de votantes considerarse el representante de la voluntad de un pueblo? Pero el asunto empeora si desvelamos que la mitad de los votantes en los EE.UU. confiesan no tener ningún entusiasmo por la persona a la que votan. Conclusión: el mandatario de la nación más poderosa del planeta es elegido por la voluntad de apenas un 4 % de la población. ¿Democracia o aristocracia?

☯ Los matemáticos no hacen migas

• Cierta vez el matemático ruso Lev Landau fue requerido a afirmar que Emmy Noether fue una gran mujer matemática. Contestó con malicia: "Puedo testificar que es un gran matemático, pero sobre lo de que es una mujer, no pondría la mano en el fuego". Las últimas fotografías de Noether, la verdad, mostraban a una mujer sin rasgos femeninos.

• Andre Weil era bastante irreverente y ególatra. Si alguien le comunicaba que un matemático había propuesto un nuevo teorema, Weil solía quitarle importancia diciendo: "No puede ser cierto. Porque si fuera cierto, el no lo hubiera sabido". Una vez durante una clase sobre la ecuación de Pell (matemático inglés del siglo XVII), dijo a los asistentes que la ecuación tenía el nombre de un matemático que no tenía nada que ver con ella, que en puridad tenía que ser llamado por el nombre de Fermat. Y luego explicaba, sin modestia y con mucho acento: "Por ejemplo, yo vivo en la Plaza von Neumann. Yo vivo allí... y todavía se llama Plaza von Neumann". Inconcebible para su soberbia y su auto estima en exacerbo.

• El matemático Ludwig Bieberbach (1886-1982) era un declarado antisemita que participo en la represión nazi contra otros colegas matemáticos. Fundó el movimiento "Deutsche Mathematik" (Matématicas alemanas) que publicaba una revista del mismo nombre. Bieberbach escribió un libro horrible titulado *Tratado ario de matemáticas*, en el que clamaba que el genio de Gauss provenía de su sangre aria, mientras que el de Carl Gustav Jacobi (1804-1851) no era genio sino "astucia semita".

• G. H. Hardy y John E. Littlewood, como es conocido, colaboraron en muchos trabajos que publicaron en conjunto. Se dice que cuando Norbert Wiener se encontró por primera vez con Littlewood, le dijo: "Oh, así que usted realmente existe. Yo creía que "Littlewood" era un nombre que Hardy ponía en sus trabajos más pobres".

☙ **Matemáticas para esposas**

Actualmente existen dos sistemas de matemáticas: el sistema que utilizan los hombres y el que utiliza sus esposas. Las matemáticas de las esposas difieren de la de sus maridos en que no existen los números enteros, todo son términos como 4,49 ó 9,98. Además, toda cantidad que exceda las dos cifras es automáticamente cargada a la cuenta del marido. Lo que hace de este sistema algo oscuro, al menos para el hombre, es el hecho de que se basa en procesos de lógica femenina. Por ejemplo, si una mujer ve algo en una tienda que está rebajado a mitad de precio, siempre compra dos prendas, así consigue la primera prenda gratis. Otro ejemplo de razonamiento femenino: un hombre da a su mujer 200 euros para un sombrero y ella ve en un escaparate un sombrero rebajado de 120 a 117 euros, lo compra y ahorra 3 euros. Y ahora sigan el razonamiento con atención. Mientras compra el sombrero, ve un impermeable rebajado de 140 euros a 123, por lo que, con los 3 euros ahorrados del sombrero, más los 17 euros ahorrados del impermeable, su marido todavía le debe 20 euros.

(Sí, ya lo sé, suena un poco machista para estos tiempos, pero no he podido resistirme a incluirlo)

Recensión, breve, de un libro de matemáticas, hecha por Gian Carlo Rota:

Sphere Packings, Lattices and Groups
de J.H. Conway, N. J. A. Sloane
Springer, New York, 1988

This is the best survey of the best work in one of the best fields of combinatorics, written by the best people. It will make the best reading by the best students interested in the best mathematics that is now going on.
(Este es la mejor investigación del mejor trabajo en uno de los mejores campos de la combinatoria, escrito por los mejores especialistas. Hará la mejor lectura de los mejores

estudiantes interesados en la mejor matemática que se hace hoy en día).

☯ Un examen peculiar

David Mumford (1937-), matemático en posesión de la medalla Field (el premio Nobel de las matemáticas) una vez puso un examen de álgebra que tenía sólo dos cuestiones:
1. Escriba un examen para este curso
2. Hágalo.

> *El azar quizá sea un poliedro insurrecto.*
> *(C. J. Cela)*

☯ ¿Cuántos colores se necesitan para colorear un mapa?

En 1852 Francis Guthrie, un graduado del Colegio Universitario de Londres, escribió a su hermano pequeño Frederick una carta en la que le mencionaba una duda que le había asaltado cuando trató de colorear un mapa con los territorios de Inglaterra. La duda era: "¿Puede un mapa de territorios ser coloreado con cuatro o menos colores de tal manera que no existan dos regiones con frontera común que tengan el mismo color?" Francis Guthrie no pudo resolver el problema por lo que se lo preguntó a su profesor, el distinguido matemático Augustus De Morgan. En octubre de 1852 De Morgan confesó en una carta al todavía más distinguido matemático William Rowan Hamilton, que se veía incapaz de encontrar una vía de acceso para tratar el problema.

En 1879 un tal Kempe creyó haber probado que la respuesta era 4, pero 11 años más tarde se descubrió que sus cálculos no eran correctos. No obstante, gracias a éste y parecidos esfuerzos se desarrollaron valiosos conceptos en la teoría de grafos.

En 1890 P. J. Heawood probó que con 5 colores siempre bastaba, pero no probó que 5 era el número mínimo de colores que se precisaban.

Minkowski, una importante figura matemática del siglo XIX, manifestó en una ocasión a sus alumnos que la única razón de que el problema no hubiera sido resuelto era que sólo había sido tratado por matemáticos mediocres. "Creo que puedo probarlo", anunció. Algún tiempo más tarde tuvo que reconocer humildemente ante sus alumnos: "El cielo ha querido castigar mi arrogancia. Mi prueba tampoco es válida".

La solución final se consiguió en 1976 y se debió a Wolfgang Haken y Kenneth Appel, de la Universidad de Illinois, que transformaron el problema en una serie de subproblemas que podían ser comprobados en el ordenador. Sin embargo, no fue fácil: se emplearon 1.200 horas de ordenador y el razonamiento era excesivamente largo. La solución dada por el ordenador era: cuatro colores. Algunos matemáticos creen que el problema sigue sin resolver, pues los cálculos son tan largos y complejos que resultan casi inverificables. No obstante, hoy, más de tres décadas después, la comunidad matemática reconoce la validez de la prueba. Pero sigue habiendo escépticos que esperan una demostración más sencilla.

❂ Ley logarítmica en las contrataciones

El matemático André Weil gustaba repetir que había una ley logarítmica que gobernaba las contrataciones. Para él, los departamentos de primera clase contrataban gente de primera clase, los departamentos de segunda clase contrataban gente de tercera clase y los departamentos de tercera clase contrataban gente de quinta clase. La conclusión lógica de este análisis era que los administradores de las universidades no debían permitir la autonomía contractual de los departamentos de segunda clase o inferiores.

❂ La lambda de Platón

En su *Timeo*, Platón describe por medio de este personaje la secuencia de siete números que dieron vida al universo. Estos números eran 1, 2, 3, 4, 8, 9, 27, que se colocaban en figura de Lambda, tal como a continuación se muestra:

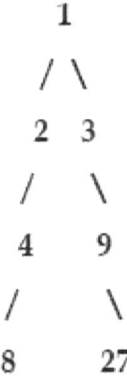

Para los pitagóricos el siete era el emblema de la virginidad, debido a la imposibilidad de dividir un círculo en siete segmentos iguales en una construcción euclidiana, mientras que es posible hacerlo en 3 y 5 segmentos.

❂ Números triangulares y cuadrados

Una costumbre antigua de los griegos fue la utilización de conjuntos de guijarros para representar números. Diferentes números de guijarros podían agruparse según sus formas. Por ejemplo, los guijarros representando los números 3, 6 y 10 podían disponerse en forma de triángulos:

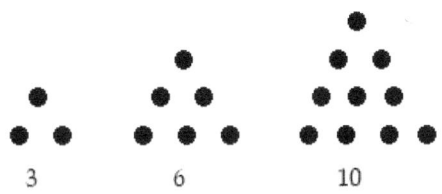

Estos números se denominaron "números triangulares". Los griegos también se dieron cuenta de que si calculaban sumas consecutivas de números naturales, en el orden como se dan en la numeración, siempre se obtenían números triangulares:

$$1 + 2 = 3$$
$$1 + 2 + 3 = 6$$
$$1 + 2 + 3 + 4 = 10$$
$$1 + 2 + 3 + 4 + 5 = 15$$

y así sucesivamente.

Siguiendo con la anotación por medio de guijarros, los griegos dieron con otra forma regular en que podían agruparse las piedras: en cuadrados. Veamos como expresaron de esta curiosa manera los números 4, 9 y 16.

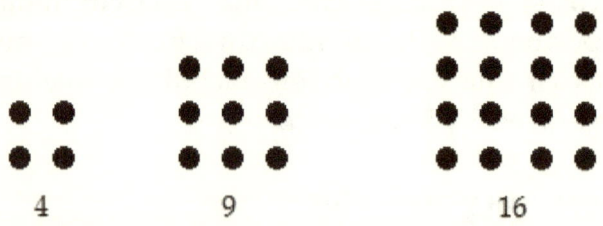

Estos números fueron denominaron "números cuadrados". Los griegos descubrieron que los números cuadrados se obtenían sumando números impares consecutivos:

$$1 = 1 \times 1 = 1^2$$
$$1 + 3 = 4 = 2 \times 2 = 2^2$$
$$1 + 3 + 5 = 9 = 3 \times 3 = 3^2$$
$$1 + 3 + 5 + 7 = 16 = 4 \times 4 = 4^2$$
$$....$$
$$1 + 3 + 5 + ... + (2n-1) = n^2$$

☯ **Las pautas de Pi**

Parece en principio que los decimales de *pi* están libres de pautas pero contienen una variedad notable de subpautas finitas que, si bien producto de la casualidad, resultan interesantes. Veamos algunas:

. Comenzando en el decimal 710.000 de *pi*, se encuentra la ristra 3333333. Existe otra serie de siete treses seguidos que comienza en el decimal 3.204.765.

. Existen ochenta y siete series de seis repeticiones del mismo dígito, la más sorprendente de ellas la 999999, pues se presenta relativamente pronto: comienza en el decimal 762.

. En el decimal 995.998 comienza la secuencia ascendente 23456789, y en el decimal 2.747.956 la secuencia descendente 876543210.

. Entre los primeros diez millones de decimales de *pi*, los seis primeros dígitos de este peculiar número (314159) aparecen en este orden no menos de seis veces.

☯ Un breve comentario sobre la gematría

La gematría es una técnica numerológica que consiste en dar valor a las letras de un alfabeto y luego buscar conexiones entre palabras que arrojen el mismo valor. Su práctica cobró en la antigüedad un auge inusitado y se extendió rápidamente por toda el área mediterránea, siendo pasatiempo habitual entre personas ilustradas. En el *Pseudo Calístenes*, se dice que el dios egipcio Sarapis reveló su nombre a Alejandro Magno de la siguiente manera: "Toma dos cien y uno, después cien y uno, y cuatro veces veinte y diez. A continuación coloca el primero de estos números al final y sabrás entonces qué dios soy". Tomando al pie de la letra las palabras del dios, se obtiene lo siguiente:

Σ   A   P   A Π   I   Σ
200 1 100 1 80 10 200

Es por medio de la gematría que el número 888 representa a Jesús, pues es el valor que su nombre en griego adquiere al ser valorado:

Jesus (IHΣOYΣ)

Iota = I =10
Eta = H = 8
Sigma = Σ = 200
Omicron = O = 70
Upsilon = Y = 400
Sigma = Σ = 200

Total = 888

☯ Cuadrado mágico "bestial"

El número 666, número de la Bestia, número del Anticristo, posee su propio cuadrado mágico, un cuadrado mágico de sexto orden (6 x 6), y de constante 666. Es como sigue:

3	107	5	131	109	311	666
7	331	193	11	83	41	666
103	53	71	89	151	199	666
113	61	97	197	167	31	666
367	13	173	59	17	37	666
73	101	127	179	139	47	666
666	666	666	666	666	666	

Acertijo aritmético en torno al número de la bestia

*Introducir 3 signos entre la secuencia 123456789 (los
números del 1 al nueve en orden ascendente) para que
sumen 666:
Solución: 123 + 456 + 78 + 9 = 666
Si se permitiera el uso de números negativos (excepto al
comienzo de la serie), la secuencia sería:
1234 − 567 + 8 − 9 = 666
Si la pregunta fuera introducir cuatro signos (de
cualquier signo) en la serie numérica dada, la respuesta
sería:
9 + 87 + 6 + 543 + 21 = 666*

☯ Propiedades aritméticas del número 65.359.477.124.183

Este número posee unos productos muy peculiares, a saber:

65.359.477.124.183 x 17 = 1.111.111.111.111.111
65.359.477.124.183 x 34 = 2.222.222.222.222.222
65.359.477.124.183 x 51 = 3.333.333.333.333.333
65.359.477.124.183 x 68 = 4.444.444.444.444.444
65.359.477.124.183 x 85 = 5.555.555.555.555.555
65.359.477.124.183 x 102 = 6.666.666.666.666.666
65.359.477.124.183 x 119 = 7.777.777.777.777.777
65.359.477.124.183 x 136 = 8.888.888.888.888.888
65.359.477.124.183 x 153 = 9.999.999.999.999.999

☯ El consuelo de los números primos

Los números primos y la circunstancia de que no existan
diseños de intervalos entre ellos, sirvió para que el periodista
Roger Cooper, confinado en una cárcel de Irán en los años 1980,
encontrara un consuelo dentro de su penosa situación. Entre
interrogatorios, siempre con los ojos vendados y recibiendo
golpes cada vez que negaba ser un espía británico, Cooper se
entretuvo calculando de memoria números primos. Llegó a
calcular cerca de cinco mil, tratando a la vez de visualizar
posibles diseños entre sus espacios.

Propiedad aerodinámica de la suma

Aseguraba Raymond Queneau que todos los intentos, desde los tiempos antiguos a nuestros días, para demostrar que 2 + 2 = 4, habían errado por no tener en cuenta la velocidad del viento.

Para este literato y matemático francés la suma de números enteros sólo es posible cuando las condiciones climatológicas son lo suficientemente tranquilas para que, después de poner el primer 2, éste permanezca en su posición el tiempo necesario para poner a su lado la pequeñita cruz, el segundo 2, a continuación la pequeña pared sobre la que uno se sienta para reflexionar y, finalmente, el resultado. Llegados a este punto, aunque comenzase a soplar el viento, habríamos probado que dos y dos son cuatro.

Pero si antes de terminar el proceso se levantara viento, nuestro primer número caería al suelo. Si arreciase aún más el viento, podría caer también el segundo número. Bajo estas condiciones no se puede dar con la solución correcta.

Asumamos, proponía Queneau, que el viento adquiriese la fuerza de un huracán. En ese caso el primer número sería barrido, y lo mismo ocurriría con la pequeña cruz y con los restantes miembros de la igualdad, no quedando nada. Pero supongamos también que después de que el viento se hubiera llevado el primer dos y la pequeña cruz, éste se parase de golpe. Entonces quedaría el siguiente absurdo: 2 = 4.

El viento, no obstante, no sólo puede quitar sino añadir. El número 1, siendo excepcionalmente ligero y desplazable incluso por el más suave de los pensamientos matemáticos, es incapaz de ofrecer resistencia a una simple brisa, pudiendo, sin que se aperciba el calculista, ser arrastrado a una suma a la que no pertenece en puridad. Esto parece que le ocurrió al matemático ruso Dostoievski cuando manifestó su predilección por la ecuación 2 + 2 = 5.

También hay que recalcar que el cero, sensible a cualquier brizna de viento, rueda con facilidad. De ahí que cuando se lo sitúa a la izquierda del número en la expresión, por ejemplo, 02 = 2, no añada valor, porque se desvanece antes de que la operación llegue a buen fin. Sólo posee significado cuando se lo sitúa a la derecha, situación en la que el número que lo protege lo sujeta e impide que ruede fuera de la *expresión. Mientras el viento no sobrepase la velocidad de unos pocos metros por segundo, sería factible que se diera la expresión 20 = 2.*

Enfrentados a la posibilidad de distorsiones atmosféricas, recomienda Queneau imponer sobre la operación de la suma el factor aerodinámico correspondiente. Similarmente, aconsejaba escribir la fórmula de derecha a izquierda, comenzando lo más cerca posible del margen derecho. Si durante el curso de la operación el viento ocasionara que algún número o símbolo se cayera o resbalase, siempre podrían ser atrapados antes de que alcanzasen el margen izquierdo. De esta forma, incluso en medio de una tormenta tropical, podrían obtenerse resultados como: $2 + 2 = 5$

◉ Acrósticos en libros de matemáticas

El libro **Invarianten Theorie** (*Teoría de las invarianzas*), del matemático alemán Roland Weitzenbock (1885-1955), escrito en 1923, posee una característica muy especial: en el prólogo, si tomamos la primera letra de cada frase, se puede formar esta sentencia: "Nieder mit den Franzosen", que significa "Abajo los franceses".

Una historia similar puede decirse de otro libro de matemáticas **Análisis de funcionalidad linear** (*Linear Functional Analysis*), del matemático Bob Bonic (1932-1990). Quiso este matemático mostrar el amor por su novia, pero sin que se enterase la que todavía era su esposa, y no se le ocurrió mejor forma que ocultar su nombre en la sección "Remarks and References" (*Comentarios y referencias*). Tomando la primera letra de cada párrafo, se obtiene el nombre "Joanna Pang", que era el nombre de su adorada novia.

◉ El primer número perfecto

El seis fue definido por Euclides como número perfecto pues es la suma de sus factores (6 = 1 + 2 + 3). Si a ello le añadimos que también es el resultado de la multiplicación de esos mismos factores (6 = 1 x 2 x 3), nos encontramos con un número muy peculiar.

Para los pitagóricos el seis representaba la estabilidad y el equilibrio, pues lo representaban como la unión por su base de dos triángulos equiláteros, una figura de seis lados iguales. También lo asociaron con el matrimonio y la *perfecta* unión de los sexos porque 6 = 3 x 2, donde 3 es el primer número *masculino* y 2 el primer número *femenino*.

La importancia del seis en la doctrina cristiana proviene de San Agustín, que alabó a este número de esta forma: "El seis es un número perfecto en sí mismo... Dios creó el mundo en seis días porque el seis es un número perfecto. Y permanecería perfecto, incluso si la labor de seis días no hubiera existido". San Agustín distinguía también seis grados en la evolución del hombre interior y nuevo. No obstante, la opinión favorable de este padre de la Iglesia, algunas sectas cristianas creían que el seis era el número del diablo, pues aducían que la serpiente tentó a Eva en la sexta hora del sexto día de la Creación.

☯ El futuro de alumnos brillantes

El matemático y profesor George Makey solía decir que en sus últimos cuarenta años de enseñanza sólo dos alumnos destacaron de entre todos los demás. El primero fue David Mumford, hoy un matemático de enorme prestigio. ¿Y el otro?, le preguntaron. "Ah, el otro ahora es fontanero en Chicago".

☯ El sueño de Wordsworth

Wordsworth, en su poema discursivo *The Prelude*, lucubrado en el verano de 1805, relata la siguiente historia: "una persona está leyendo *Don Quijote* en la playa. Debido al calor, se queda dormido, la vista fija en la arena. Eso provoca que sueñe con el desierto del Sáhara y transforme a Don Quijote en un árabe con adarga que se acerca desde la lejanía montado en dromedario. El árabe llega hasta donde el soñador, quien nota en las facciones del jinete la desazón de la angustia. En la mano tiene el árabe dos libros: uno, los "*Elementos de Geometría*", de Euclides; otro, lo que a la vez es un libro y no lo es, porque también semeja una caracola. El árabe le pide que se lo ponga al oído; el soñador obedece, y oye una voz en un lenguaje extraño pero que misteriosamente entiende y que profetiza la aniquilación inmediata del mundo por obra de un diluvio. Con semblante afectado, el árabe le confirma la ominosa predicción y le confía que su divina misión es la de enterrar esos dos libros: el primero, "que mantiene amistad con las estrellas, ajeno al espacio y al tiempo", y el otro, "que es un dios, muchos dioses".

Borges, de quien recojo la anécdota, interpreta que se trata de preservar de la ruina general de la humanidad la poesía y las matemáticas.

*La revista **Annals** (Anales de matemáticas) tiene fama de ser una publicación muy exigente. Y ocurrió que el matemático Gerhard Hochschild, todavía vivo, envió un trabajo a dicha revista. La respuesta del evaluador fue la siguiente: "Suficientemente bueno para los Anales. No suficientemente bueno para Hochschild. Rechazado".*

☯ Matemáticas y flamenco

Un ingeniero francés aficionado al flamenco, M. Philippe Donnier, ha escrito un libro donde pretende dar una explicación matemática al flamenco. El título del libro es *El duende tiene que ser matemático* (Córdoba, 1987). Mediante la aplicación de nociones y herramientas matemáticas, Donier, que reside en Córdoba desde el año 1960, encuentra patrones comunes entre diversas bulerías que le permiten clasificarlas rigurosamente. El duende, de existir, es para este francés un duende matemático, la improvisación del artista traducible a regularidades estadísticas y sus patrones reducibles a fórmulas.

☯ La eficacia de las plegarias

Francis Galton, el inventor, filósofo y extravagante sobrino de Darwin, realizó un estudio estadístico sobre la eficacia de las plegarias. Como evidencia de que estas no eran efectivas, calculó la edad media de la muerte de las personas por profesiones:

Profesión	Media de edad de defunción
Clérigo	66,42
Abogados	66,51
Médicos	67,04

Como la gente de iglesia no vivía más tiempo que las personas de otras profesiones, concluyó que las plegarias eran inútiles. También demostró que las oraciones públicas rogando por la vida de reyes, reinas y otros líderes eran completamente ineficaces porque los soberanos morían antes que otros privilegiados de la salud.

Posición social	Media de edad de defunción
Soberano	64,04
Aristocracia	67,31
Alta burguesía	70,22

Esta curiosidad matemática aparece en su trabajo: *Investigaciones estadísticas sobre la eficacia de las oraciones.*

Primer acertijo matemático del que se tiene noticia
Acertijo matemático del antiguo Egipto, según se recoge en el papiro Rhind: Dividir 7 barras de pan entre 10 hombres.

Solución: 2/3 + 1/30 porciones a cada uno.

❧ Números catalanes… pero sin senyera
Cuenta el matemático y divulgador Carlos Alsina que en cierta ocasión participó en una reunión donde asistía el importante industrial Enric Massó, que fuera alcalde de Barcelona. Al saber

que era matemático, Massó quiso mostrar su cultura en este terreno y le dijo: "Es un orgullo que en todo el mundo se hable de los catalan numbers y los catalan polyhedra, es decir, que haya números y poliedros que formen parte de la cultura catalana. Siempre que viajo lo explico... ". Confiesa Carlos Alsina que se quedó sin saber qué replicar, pues Massó había confundido el adjetivo «catalán» con el nombre del matemático belga Eugene Charles Catalan (1814-1894) que sí tenía una famosa serie numérica y unos poliedros que llevaban su nombre.

❧ ¿Cuentas cifras se precisan para desarrollar la mayor expresión matemática posible escrita con tres números?
Utilizando sólo tres números, la mayor expresión que puede conformarse es: $(9^9)^9$. Es decir, nueve elevado a nueve y a su vez elevado a nueve. Esta expresión, como demostró en 1906 C. A. Laisant, precisaría, para escribirse, 369.693.100 cifras. Pero, ¿es esto mucho? Veámoslo: si en una página colocamos 2100 caracteres (30 líneas de 70 espacios), se necesitarían, asómbrense, 176.044,33 páginas. ¿Se imaginan la cantidad de bosques que habría que talar para fabricar pulpa para confeccionar el papel donde escribir semejante ristra numérica?

Es imposible encontrar una prueba bella de teoremas que no lo son.
(G. Carlo Rota)

❧ Un libro con muchos números
El libro *A Million Random Digits with 100.000 Normal Deviates*, contiene solamente (aparte de una introducción a los programas que han permitido elaborarlo) una colección de números generados al azar por la compañía estadounidense RAND hace unos cincuenta años. La generación de números aleatorios no es sencilla, y a lo sumo se suelen obtener números pseudo aleatorios. El libro se vende en Amazon.com, y contiene

159

lo dicho, sólo números. En las páginas de Amazón, sin embargo, se han colado algunos comentarios curiosos sobre el libro. Veamos un par de ellos:

. Espero, impaciente, la versión de audio de este libro. (Jamie R. Wilson)

. El libro rompe todos los límites de lo que consideramos normal. Desde el principio hasta el final es originalidad pura(...) Lo mejor es que es el mejor libro de escoge-tu-aventura. Una vez que lo leíste del comienzo a fin, puedes retroceder y leerlo en un orden diferente, y tendrá tanto sentido como tu lectura original. ¡Es como cientos de libros en uno solo! (Bob The Frog)

Una ventaja que parece haber pasado desapercibida para los comentaristas en su gran valor somnífero. Leer cifras una y otra vez, en la cama, genera un sopor que ayuda a conciliar el sueño.

☯ Estadísticas con moraleja

• Un 10% de los hombres han hecho el amor por lo menos una vez en el ascensor, en las escaleras, o en la calle.

• Un 20% de las mujeres quisieran ser hombres.

• Un 35% de los niños están enamorados de su profesora.

• A un 45% de las mujeres les gusta los tíos con los ojos azules.

• Un 46% de las mujeres practican el sexo anal con su pareja.

• Un 50% de los hombres se acuesta sin lavarse los dientes.

• Un 65% de las mujeres prefiere hacer el amor por la mañana.

• Un 90% de los hombres afirma que nunca ha pensado tener relaciones homosexuales.

• Un 90% de las mujeres querría hacer el amor en la naturaleza.

• Un 99% de las mujeres nunca ha hecho el amor en la oficina.

CONCLUSIÓN DE LA ESTADÍSTICA:

Hay más probabilidades de tener sexo anal con una mujer en el bosque por la mañana sin haberse lavado los dientes la noche anterior, que follar por la tarde en la oficina.

MORALEJA:

No te quedes hasta tarde en el trabajo. ¡No compensa!

☯ Escueto como un matemático

Es proverbial la causticidad y laconismo de los matemáticos. Como ejemplo, sirva esta curiosa anécdota que tiene por protagonista al francés Augustin Louis Cauchy, Cauchy recibió en su casa un artículo de alguien que afirmaba haber demostrado que la ecuación $x^3+y3+z3=t^3$ no tenía soluciones x,y,z,t que fueran números enteros. Cauchy, sin tan siquiera molestarse en leer el trabajo, le envió a vuelta de correo una nota donde sólo constaba:

$$3^3+4^3+5^3=6^3.$$

No se necesitaban más palabras. Fin de controversias.

Trabajo artístico de Pablo Paniagua:

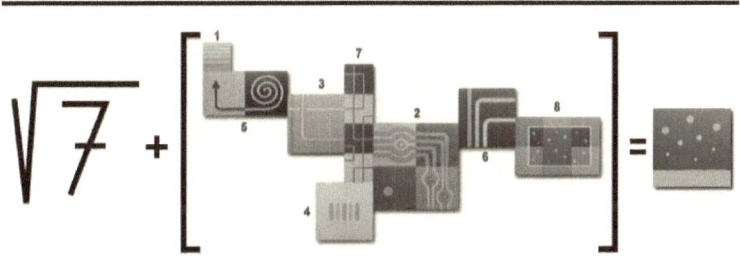

(http://www.mathematical.8m.com/deta/top.htm)

☯ Erdös es detenido

El matemático húngaro Paul Erdös es sujeto de múltiples anécdotas. Esta que expongo ocurrió durante la Segunda Guerra Mundial. Erdös caminaba por Long Island con Shizuo Kakutani, japonés, y Arthur Stone, inglés. Hablaban de matemáticas y sin darse cuenta entraron en un área restringida por los militares y fueron apresados. Los militares separaron a los tres matemáticos y los interrogaron. El interrogatorio de Erdös fue como sigue:

P: ¿Qué estaba haciendo en la playa?

E: Dando un paseo

P: ¿A dónde iban?

E: Hacia ninguna parte.

P: ¿Entonces que hacían en la playa?

E: Hablábamos de matemáticas

P: ¿Sobré qué tipo de matemáticas?

E: Estábamos considerando una conjetura

P: ¿Qué conjetura?

E: No tiene importancia. Era falsa.

Números de Erdös

El matemático Paul Erdös era tan prolífico que dio origen a un curioso protocolo: la asignación de números de Erdös. El propio matemático tenía asignado el número cero. Alguien que hubiera colaborado directamente con él, poseía el número 1 de Erdös. El coautor con alguien en posesión del número 1 de Erdös, pasaba a tener el número 2 de Erdös, reflejando cada número el grado de alejamiento del trabajo original de este matemático húngaro. Tan prolífico llegó a ser Erdös que en su época, a cualquier matemático que publicase podía signársele un número de Erdös.

☺ Pseudónimo muy calculado

Nicolas Bourbaki es el seudónimo de un grupo de eminentes matemáticos franceses que, desde finales de la década de 1930, ha publicado alrededor de treinta volúmenes de sus **Elementos de matemáticas**. Este grupo de matemáticos (Jean Delsarte, Henri Cartan, André Weil, Jean Dieudonné y Claude Chevalley) se propusieron dar un enfoque nuevo, más acorde con el estructuralismo entonces en boga, a las matemáticas. Fueron muchos de ellos culpables indirectos de la llamada matemática moderna, cuya teoría de conjuntos al aterrizar en las escuelas

162

tuvo nefastos resultados pedagógicos, algunos de los cuales aún se arrastran en la actualidad.

El nombre lo sacaron de un anuario y correspondía a un general que no había realizado ninguna aportación a las matemáticas. Pero sucedió que años después de elegido el nombre, uno de los componentes del grupo, Henri Cartan, recibió una llamada de un tal Bourbaki diciendo que quería verle. La cita se produjo y el matemático se encontró con Nicolaides Bourbaki, consejero de la embajada de Grecia, perteneciente a la familia en cuyo árbol genealógico se encontraba el general de cuyo nombre se habían apropiado. El familiar, lejos de quejarse, mostró su complacencia por el nombre y se hizo amigo del grupo.

Isidore Isou, de la Internacional Letrista, introdujo el concepto de no-número y de número blando en las matemáticas, y en la geometría el de geometría anóptica o invisible.
(Granés, Carlos, El puño invisible, Taurus, 2012)

☙ El triángulo pitagórico... mucho antes de Pitágoras

Antes de Pitágoras los egipcios ya conocían el triángulo rectángulo y sus propiedades. En concreto, el triángulo rectángulo de lados 3, 4, 5, que constituyó la base conceptual de la cuerda de doce nudos, usada por ellos como escuadra:

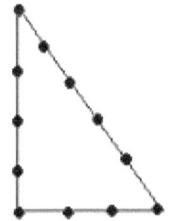

Esta herramienta de medición consistía en una cuerda con los extremos unidos entre sí y dividida en partes iguales mediante 12 nudos equidistantes. Bastaba estirar esta cuerda por los nudos apropiados para formar el triángulo rectángulo de lados 3, 4, 5 (figura de arriba) y disponer, de esta sencilla manera, de una útil escuadra para dibujar ángulos rectos sobre el terreno.

Curiosidad ludópata

En el sorteo diario de la ONCE (Organización Nacional de Ciegos) la terminación 666 ha sido premiada por última vez con el número 73666, el 6.6.2003 (obsérvese que, además del día, 6.6, el año daría 2*3=6). El sorteo era el T-157. Obsérvese también que 5+1 = 6; 7-1 =6.

Otra propiedad demoníaca de este aciago número: los números de la ruleta suman 666. ¡Ludópatas, renegad del maligno!

☯ La hermosura de los números

Fíjense en la belleza estética que surge de la composición espacial de estos números:

1 x 8 + 1 = 9
12 x 8 +2 = 98
123 x 8 + 3 = 987
1234 x 8 + 4 = 9876
12345 x 8 + 5 = 98765
123456 x 8 + 6 = 987654
1234567 x 8 + 7 = 9876543
12345678 x 8 + 8 = 98765432
123456789 x 8 + 9 = 987654321

1 x 9 + 2 = 11
12 x 9 + 3 = 111
123 x 9 + 4 = 1111
1234 x 9 + 5 = 11111
12345 x 9 + 6 = 1111111

123456 x 9 + 7 = 1111111
1234567 x 9 + 8 = 11111111
12345678 x 9 + 9 = 111111111
123456789 x 9 + 10 = 1111111111

9 x 9 + 7 = 88
98 x 9 + 6 = 888
987 x 9 + 5 = 8888
9876 x 9 + 4 = 88888
98765 x 9 + 3 = 888888
987654 x 9 + 2 = 8888888
9876543 x 9 + 1 = 88888888
98765432 x 9 + o = 888888888

1 x 1 = 1
11 x 11 = 121
111 x 111 = 12321
1111 x 1111 = 1234321
11111 x 11111 = 123454321
111111 x 111111 = 12345654321
1111111 x 1111111 = 1234567654321
11111111 x 11111111 = 123456787654321
111111111 x 111111111 = 12345678987654321

❧ Augustus de Morgan (1806-1871)

El matemático Augustus de Morgan nació en Madura, Consejo de Madrás, en la India, el 27 de junio de 1806 y murió en Londres el 18 de marzo de 1871. En 1823 entró en el Trinity College de Cambridge. Su madre quería que fuese clérigo, pero él no mostró vocación religiosa, prefiriendo las matemáticas. Durante los servicios eclesiásticos, en vez de atender a los sermones se dedicaba a inscribir ecuaciones en el reclinatorio, que permanecieron hasta después de su muerte. De Morgan complementaba sus ingresos ejerciendo de consultor en asuntos actuariales. El número de artículos que llegó a publicar fue bastante elevado. Se calcula que solamente los que escribió para la *Penny Cyclopaedia* fueron más de 700. Los artículos trataban, principalmente, sobre matemáticas, astronomía, historia de la ciencia y música. La mayor parte fueron escritos en el período de cinco años que estuvo sin puesto académico.

Augustus de Morgan odiaba el campo. No iba sino bajo acuciante obligación y procuraba pasar en él el menor tiempo posible. De Morgan era un entusiasta de la ciudad. Su sincera antipatía por el campo y la playa le hacía negarse a acompañar a su familia en las vacaciones y, al igual que le pasaba al malvado Carabel ideado por Wenceslao Fernández Flórez, su salud se resentía de la atmósfera pura del campo y le costaba reponerse de los efectos.

Arquímedes (287-212 a.n.e.)

*Arquímedes de Siracusa, en su libro **El contador de arena**, que dedicó a Gelon, rey de Siracusa, describía procedimientos para contar grandes números. Uno de los retos que asumió en el libro, y por el que éste es principalmente recordado, fue el calcular, de forma razonada, los granos de arena que se necesitarían para rellenar el universo. Asumió que en un capullo de adormidera cabrían como máximo 10.000 granos de arena. Estimó que su diámetro no era menor que 1/40 de la anchura de un dedo, y asumiendo que la esfera de las estrellas fijas (que para Arquímedes confinaban el universo) era menor que 10^7 veces la esfera que dibuja la órbita del sol... el número de granos de arena que se necesitarían para llenar el universo sería, en notación actual, algo menos de 10^{51}.*

☯ **Breve historia de pi:**

♣ En la Biblia, en concreto en el Antiguo Testamento (Libro de los Reyes), este número aparece 2 veces, si bien con valor = 3.

♣ Los babilonios, 2000 años antes de nuestra era, supusieron que *pi* era o bien 3 ó 25/8.

♣ Los egipcios, según se desprende del famoso papiro Rhind (1500 a.n.e.) concluyeron que el área de un círculo era igual al cuadrado cuyo lado fuera un 8/9 de su diámetro, lo que hace de *pi* igual a $(16/9)^2$ ó 3,16049...

♣ Arquímedes (287 a.n.e.) determinó que *pi* quedaría comprendido entre 310/71 = 3,14085... y 310/70 = 3,142857... Posteriormente dio otros márgenes más ajustados: 31/7 y 22/7, que resultaba ya una aproximación meritoria.

♣ Liu Hui (c. 263 a.n.e.), matemático chino, en su libro *Comentario sobre los nueve capítulos del arte matemático*, dio como valor de *pi* 3,1416. Se basó en una sucesión de polígonos regulares inscritos en un círculo.

♣ Ptolomeo (150 a.n.e.), astrónomo griego, utilizó como valor de *pi* 377/120 (=3,1416...). Por la misma época, en China, el matemático Ch'ang Hong le dio el valor de 3,16.

♣ El siguiente gran paso tuvo lugar precisamente en China, donde Tsu Chung Chi y su hijo calcularon que *pi* estaría comprendido entre 3,1415926 y 3,1415927 y dieron como ratio de trabajo 355/113. Este resultado tuvo que esperar a Al-Kashi, en el siglo XV, para ser mejorado. Al-Kashi calculó *pi* con 16 decimales correctos.

(Curiosamente, la fracción hallada por Tsu Chung: 355/113, si se escribe en sentido inverso, alternando en el divisor sólo un dígito: 553/312, se obtiene 1,7724358..., que es la raíz cuadrada de pi (π) hasta el cuarto decimal).

*Este número fue denominado π por el matemático William Jones en 1706. Jones era hijo de un granjero galés, y el término apareció en su obra **An Introduction to the Mathematics**. Lo bautizó π (pi) por ser ésta la inicial de las palabras griegas Perimetros y Periphereia (circunferencia).*

☺ **A la búsqueda desaforada de decimales de Pi**

♣ Al mismo tiempo que se concedía mérito al descubrimiento del mayor número de decimales de *pi*, también se llegó a premiar la rapidez. Por ejemplo, se sabe que una de las personas más rápidas en calcular decimales de *pi* fue Johann Dase (1824-1861), que completó los primeros 200 decimales en menos de dos meses.

♣ En 1853 William Shanks publicó su cálculo de *pi* hasta el decimal 707. No obstante, se descubrió en 1945 que Shanks cometió un error que invalidaba sus cálculos a partir del decimal 528. Este error fue descubierto por un tal Ferguson utilizando una calculadora de escritorio.

♣ Con el advenimiento de los ordenadores, el descubrimiento de nuevos decimales de *pi* creció exponencialmente. En 1949, la computadora ENIAC calculó pi hasta el decimal 2037 en 70 horas y sin cometer un solo error.

♣ En 1954, en el Watson Scientific Laboratory se consiguieron calcular 3.093 decimales de *pi*.

♣ En 1957, los norteamericanos Wrench y Daniel Shanks (sin parentesco con el Shanks mencionado anteriormente), calcularon los primeros 100.265 decimales de *pi* con un ordenador IBM 7090. Tardaron en esta tarea ocho horas y cuarenta y tres minutos.

♣ En 1966, los franceses Gilloud y Filliatre elevaron la plusmarca hasta los 250.000 decimales. En 1967, estos matemáticos, la computadora francesa CDC 6600, calcularon 550.000 decimales de *pi*.

♣ En 1974, el matemático francés Jean Gilloud llegó al millón de decimales. Ayudado de un ordenador IBM 7600, su hazaña le costó veintitrés horas y dieciocho minutos. La comisión de energía atómica francesa, tan chovinista ella, consideró la proeza tan importante que los resultados se publicaron en un libro de 400 páginas.

El matemático alemán Johann Heinrich Lambert (1728-1777), fue el primero en probar, en 1767, que π era irracional. Carl Luois Ferdinand von Lindemann (1852-1939) probó, en 1882, que también era trascendente.

♣ Pero las plusmarcas continuaron. En 1983, Yoshiaki Tamura y Yasumasa Kanada, ambos de la Universidad de Tokio, y con un ordenador HITACHI M-280H, calcularon los decimales de *pi* hasta 2^{24}, o sea, 16.777.216 cifras decimales. Para ello tardaron menos de treinta horas. En 1984 estos resultados fueron verificados en un ordenador todavía más rápido hasta los 10 millones de decimales.

♣ En el otoño de 1985, dos programadores de la empresa Symbolics Inc., de Palo Alto, California, calcularon *pi* hasta los 17 millones de decimales mediante el empleo de expansiones de fracción continua, herramienta de su propia invención. El cálculo lo realizaron en un ordenador personal.

♣ En enero del año siguiente, esta plusmarca fue superada hasta alcanzar los 29.360.128 decimales de *pi*. La proeza corrió a cargo de David Bailey, quien utilizó un superordenador Cray-2, que realizó el trabajo en veintiocho horas. Pero corta vida tuvo este récord.

♣ En 1986, el grupo mencionado anteriormente de la Universidad de Tokio amplió los decimales de *pi* hasta los 134.217.700 dígitos. En 1987 el mismo equipo llegó a calcular 201.326.000 decimales.

♣ En 1989, David y Gregory Chadnovsky, de la Universidad de Columbia, Nueva York lograron desentrañar 1.011.196.691 decimales de *pi*. El cálculo lo realizaron dos veces, en un ordenador IBM 3090 y en un superordenador Cray-2, coincidiendo los resultados obtenidos.

♣ En 1995, un equipo dirigido por Yasumasa Kanada, y con la ayuda de un ordenador Hitachi S-3800/480, logró calcular 6.442.450.938 decimales de *pi*. Invirtieron en ello 116 horas para los cálculos y 131 horas para las verificaciones (confidencial: el decimal nr. 10.000.001 es un 3).

Al día de hoy (comienzos del 2010) el ranking en esta materia está así:

Ranking	Año	Investigadores	Tipo ordenador	Miles decimales
3ª	2004	Kanada y otros	Hitachi	1,241,100,000
2ª	2009	D. Takahashoi	T2K Tsukuba	2,576,980,370
3ª	2004	Fabrice Bellard	Core i7 CPU	2,699,999,990

❂ El por qué de la chifladura de Pi

Y ustedes se preguntarán: ¿Por qué los matemáticos se empeñan en descubrir cada vez más decimales de *pi*, cuando los científicos sólo han necesitado 12 decimales para sus cálculos más precisos? ¿Qué utilidad puede entrañar semejante carrera frenética por alcanzar más y más decimales de π? Para Martin Gardner, experto en matemática recreativa, existen cuatro razones:

1) "Pi" está allí, donde sea, y es un placer (y un reto) descubrirlo.

2) Estos cálculos tienen derivaciones prácticas. El cálculo y análisis de grandes números enseña mucho.

3) El cálculo de cifras astronómicas permite pruebas útiles para los ordenadores y ayuda a la formación de programadores.

4) Cuantos más dígitos de *pi* se conozcan mayor será la esperanza de contestar a una pregunta que ha venido intrigando a los matemáticos desde un principio: ¿se halla la secuencia de decimales de *pi* libre de pautas o, por el contrario, muestra desviaciones del puro azar?

❂ Criba de Eratóstenes

El matemático griego Eratóstenes elucubró un método un poco pedestre, pero hábil, para detectar todos los números primos desde 2 hasta N. Primero se escriben los números, hasta N, en orden:

2, 3, 4, 5, 6, 7, 8, 9, 10

11, 12, 13, 14, 15, 16, 17, 18, 19, 20
21, 22, 23, 24, 25, 26, 27, 28, 29, 30
31, 32, 33, 34, 35, 36, 37, 38, 39, 40,

....

El primer número primo es 2. Se subraya el 2 y se tachan todos los múltiplos de 2:

2, 3, 4, 5, 6, 7, 8, 9, 10
11, 12, 13, 14, 15, 16, 17, 18, 19, 20
21, 22, 23, 24, 25, 26, 27, 28, 29, 30
31, 32, 33, 34, 35, 36, 37, 38, 39, 40,

El siguiente número que aparece, el 3, ha de ser número primo. Lo subrayamos a su vez y a continuación tachamos todos los múltiplos de 3:

2, 3, 4, 5, 6, 7, 8, 9, 10
11, 12, 13, 14, 15, 16, 17, 18, 19, 20
21, 22, 23, 24, 25, 26, 27, 28, 29, 30
31, 32, 33, 34, 35, 36, 37, 38, 39, 40,

El siguiente número que aparece, el 5, ha de ser número primo. Lo subrayamos y tachamos todos los múltiplos de 5... Y así sucesivamente. De esta ingeniosa manera, si acaso un poco lenta, iríamos sacando todos los números primos desde el 2 hasta N, en nuestro caso 40.

☯ Littlewood y los sueños matemáticos

Al matemático inglés Littlewood le preocupaba el hecho de que las brillantes soluciones a problemas matemáticos que soñaba por la noche, se perdieran al despertar. Para solucionar este asunto puso un cuaderno con un lápiz en su mesilla de noche. Esa misma noche tuvo un sueño muy lúcido donde daba con una bella solución un problema intrincado. Con mucho esfuerzo se obligó a semi despertarse y anotar en el cuaderno el producto de ese sueño. Luego, más tranquilo, volvió a dormirse. Por la mañana, excitado de lo que le depararía el cuaderno, lo tomó de la mesilla y leyó lo que había anotado. Para su desconsuelo, lo que contenía el cuaderno era: "Higamus, bigamus, men are polygamous. Hogamus, bogamus, wives are monogamous." (Higamus, bigamus, los hombres son polígamos. Hogamus, bogamus, las mujeres son monógamas). Sin duda una bella solución... lingüística.

☯ Los tres tipos de conversaciones matemáticas

Tsuneo Tamagawa, profesor de matemáticas en la Universidad de Yale, ha concluido que existen sólo tres tipos de conversaciones matemáticas:

1. En las conversaciones de tipo 1 se discute de teoremas, pruebas, conjeturas y métodos matemáticos.

2. En las de tipo 2 la conversación se centra en los matemáticos, en chismes y politiqueos.

3. Las conversaciones de tipo 3 trata de T_EX o paquetes de gráficos e impresoras.

☯ Desaforada búsqueda de números primos

Como ocurre con los decimales del número pi, la búsqueda de números primos ha sido una ocupación obsesiva para muchos matemáticos, dedicando, algunos, toda su vida a tal menester. Y es que la labor da de sí, pues ya Euclides probó que no existía un número primo último, que siempre podría encontrarse uno mayor.

Expongo a continuación una recopilación de hitos de esta persecución maniática de los números primos:

• Tan temprano como en 1792, Gauss fue de los primeros matemáticos es confeccionar tablas de números primos. Y en 1796, Johann Heinrich Lambert y Georg von Vega publicaron una lista con todos los números primos hasta el 400.031.

• Pero fue el matemático autodidacta ruso Iván Mikheyevich Pervushin quien, en 1894, primero compuso una tabla con todos los números primos hasta 10.000.000, recopilación que regaló a la Academia de Ciencias Rusa.

• El norteamericano D. H. Lehmer publicó también, pero en 1914, una tabla con los primeros 10.000.000 de dichos números.

• Pero el récord de listas pre-cibernéticas se lo lleva J. P. Kulik, profesor de la Universidad de Praga, quien llevó el descubrimiento de los números primos hasta los 100.000.000, que ocupan seis gruesos volúmenes. Las tablas de Kulik se hallan en la Academia de las Ciencias de Viena.

• Hoy, con la ayuda de potentes ordenadores, se ha llevado la catalogación de números primos hasta límites insólitos. Repasemos brevemente la sucesión de plusmarcas:

• En 1876, el número primo más grande conocido, identificado por Lucas, era 2^{127}-1, de 39 cifras, y que extendido, sería:

170.141.183.460.469.231.731.687.303.715.884.105.727

Supone el número de granos de trigo que habría que haber entregado al inventor del juego de ajedrez si el tablero hubiera contenido 127 casillas.

Posteriormente, y ya con ayuda de ordenadores, se obtuvieron:

• En 1957 el número primo más grande, con 687 cifras, fue el $2^{3.217}-1$.

• En 1963 la plusmarca pasó al número $2^{11.213}-1$, que tiene 3.376 cifras.

Ese mismo año se logró dar con el número primo $2^{19.937}-1$, descubierto por el matemático norteamericano Bryan Tuckerman. Tiene nada menos que 6.002 cifras.

• En 1978 se hizo con la plusmarca el número $2^{21.701}-1$, que tiene 6.533 cifras.

• Posteriormente, en 1979, se dio con el número $2^{44.497}-1$, que tiene 13.395 cifras.

• En 1983 la plusmarca pasó al número $2^{86.243}-1$, de 25.962 cifras.

• Luego vino el número $2^{216.091}-1$, descubierto en 1989, y que tiene 65.050 cifras. Fue calculado con un ordenador Cray XMP/24 en Chevron Geosciences Co., Houston, Texas.

• En 1992, y utilizando un ordenador Cray-2, se consiguió un nuevo número primo récord, el 2^{756839} –1. Este número es un número primo de Mersenne.

• En 1994 el mismo equipo dio con el número $2^{859.433}$ – 1. Número primo astronómico, consta de 258.716 cifras.

• Ese mismo año, David Slowinsky y Paul Gage superaron la marca con el número $2^{1.257.787}$ – 1, que se mantuvo en el primer puesto casi dos años.

• Su relevo fue tomado por el número $2^{1.398.269}$ – 1, que es el 35º número de Mersenne. Este número fue anunciado en 1996 en París por Joel Armengaud. Este último número, escrito con todas sus cifras y mecanografiado sin intervalos, alcanzaría una longitud de 947 m.

• En enero de 1998, gracias al proyecto GIMPS (Great Internet Mersenne Prime Search), se consiguió hallar el número el $2^{3.021.377}$ –1, también un número de Mersenne. Para su hallazgo se utilizaron numerosos ordenadores conectados a través de la red. A cada uno de los "buscadores" se le distribuyó un segmento numérico, y la porción donde apareció el referido número correspondió a la de un tal Roland Clarksen, de 19 años.

Para finalizar, mostremos los tres números primos que ostentan las plusmarcas en número de dígitos:

Los tres mayores números primos que se conocen hasta la fecha:

3. $2^{37156667}$-1. Es un número de Mersenne y fue hallado en 2008. Tiene 11.185.272 dígitos.

2. $2^{42643801}$-1. Se trata también de un número de Mersenne y fue hallado en 2009. Tiene 12.837.064

1. $2^{43112609}$-1. Es un número primo de Mersenne y fue hallado en 2008. Tiene 12.978.189 dígitos. Descubierto por un grupo de investigadores bajo el código general de G10.

☯ La esposa del matemático francés

La historia del matrimonio del matemático francés Gaspard Monge (1746-1818) merece recordarse. Durante una recepción, Monge escuchó a un joven de dudosa reputación calumniando con dicterios a una joven viuda por haberle rechazado. Aunque la viuda calumniada, Madame Harbon, no le era conocida, el galante matemático se enfrentó al joven calumniador y le retó a duelo, duelo que el joven no aceptó. Algunos meses después, en otra recepción, Monge se fijó en una mujer que le resultó atractiva. Pidió que se la presentaran y en el acto de la presentación descubrió que se trataba de Madame Harbon, la viuda a quien él había defendido tiempo atrás. Enseguida congeniaron y se casaron. Ella siempre le fue fiel y estuvo apoyándole en los tiempos difíciles y cuando Monge murió, hizo todo lo que estuvo en sus manos para perpetuar la memoria de su marido.

☺ Los sistemas de numeración en la antigüedad

Es creencia corriente y extendida que nuestros diez dedos han sido fundamentales para que el hombre adquiriera gradualmente el concepto de contar. Vestigios de este proceder subsistirían en nuestros días y explicarían por qué nuestros escolares todavía aprendan a contar de esa manera y que nosotros mismos recurramos a veces a esos gestos para hacer hincapié en nuestras opiniones. Huellas de este uso se han detectado en lenguas primitivas, lo que vendría a respaldar la hipótesis, más que teoría. Así, en la lengua ali de Centroáfrica, los números 5 y 10 se dicen, respectivamente, *moro* y *mbouna;* el primer vocablo tiene como origen etimológico "la mano", y el segundo proviene de una contracción de *moro* ("cinco") y de *bouna,* que quiere decir "dos" (por tanto, *diez* = «dos manos»). Sin embargo, esta utilización de los dedos de las manos daría solamente sistemas de numeración en base cinco o diez, lo cual no es el caso. Hay más sistemas de numeración, como veremos.
♦ Hace más de 5.000 años los egipcios utilizaron un sistema decimal que utilizaba dibujos en representación de números. Una marca vertical simple representaba la unidad, mientras

que un hueso de talón representaba el 10, una serpiente ondulante el 100, etc. Así, para indicar el número 123 y no tener que hacer 123 marcas verticales, los egipcios utilizaban sólo seis símbolos: una serpiente, dos talones y tres rayas verticales.

♦ Entre los sumerios de Mesopotamia, unos 3.500 años antes de nuestra era, se utilizaba el sistema duodecimal, sin duda inspirado en el ciclo lunar. Este sistema tenía (y aún posee) la ventaja de sus grandes posibilidades de divisibilidad (mayor número de divisores que en base 10). Como reminiscencia de este sistema nosotros todavía contamos ciertos productos por "docenas". Esta civilización también empleó el sistema sexagesimal, que sirvió para medir el tiempo y los ángulos, sistema que se ha mantenido hasta nuestros días.

♦ Los griegos utilizaban como sistema de numeración las letras del alfabeto. Ello permitía escribir los números hasta el millar. También fue costumbre antigua de los griegos el uso de conjuntos de guijarros para representar números. Diferentes números de guijarros podían agruparse, según sus formas, en triángulos o cuadrados. (Ver recuadro de los números cuadrados y triangulares en este mismo capítulo).

♦ Ciertas tribus australianas y los bosquimanos de África meridional se sirven de la numeración diádica y sólo disponen de los símbolos correspondientes al uno y al dos. En su sistema, por ejemplo, 5 = 2 + 2 + 1. Este sistema binario también lo practicaron los Bororo de Brasil. Su sistema de numeración es "uno", "dos", "dos y uno", "dos y dos", "dos dos y uno", etc. Y es que casi todas las poblaciones, en sus comienzos, han utilizado este sistema en base 2. Este sistema, profundamente anclado en nuestras raíces ancestrales, persiste todavía en nuestros días, y así hablamos a menudo de "pares" o "yuntas".

♦ En el siglo XIX, exploradores de Namibia descubrieron unas tribus hotentotes cuyo sistema de numeración se resumía en contar 1, 2, y 3. Lo que superase esa última cifra, se denominaba: "mucho". Igualmente, los indios Siriona de Bolivia y los Yanoama de Brasil no poseían palabras para designar a algo mayor que tres. Para tales casos ambos pueblos utilizaban, al igual que las tribus hotentotes, la palabra "mucho". Se ha detectado el mismo sistema de numeración entre los yancos de la Amazonía y los temiarios de la Melanesia occidental.

♦ Los primeros habitantes de California empleaban una numeración en la que el número máximo era cuatro. Para ellos 7 era 4 + 3.

♦ Los Arowaks de América del Sur poseían una numeración quinaria, lo cual indica que utilizaban como base los dedos de las manos, ese ábaco natural. Este sistema numérico de base cinco se ha detectado también en el Saraveca, un idioma de Sudáfrica. Otros pueblos primitivos africanos disponen de una numeración hexádica, en la que el número máximo es seis.

♦ Parece ser que los celtas utilizaron un sistema de numeración en base 20, de lo que quedarían vestigios en el idioma francés: "noventa" se dice, literalmente, "cuatro veces veinte más diez".

♦ No obstante, el más notable de todos los sistemas numéricos primitivos fue el sistema de numeración de los mayas, un pueblo de América Central que habitó principalmente en la península de Yucatán. La cultura maya se desarrolla a lo largo de dos mil años, entre los siglos IV a.n.e. y XVI de nuestra era. Aislados totalmente de las civilizaciones del Viejo Mundo, desarrollaron un peculiar sistema de numeración. En él, el número 1 era representado por un punto, el 5 lo representaban por una raya y el cero por un óvalo. Con dichos símbolos podían escribir los números del 1 al 19, como se aprecia en el siguiente recuadro:

◑ = 0	• = 1	•• = 2	••• = 3	•••• = 4
——— = 5	•/——— = 6	••/——— = 7	•••/——— = 8	••••/——— = 9
═══ = 10	•/═══ = 11	••/═══ = 12	•••/═══ = 13	••••/═══ = 14
≡≡ = 15	•/≡≡ = 16	••/≡≡ = 17	•••/≡≡ = 18	••••/≡≡ = 19

♦ Los romanos nos legaron un sistema de numeración por letras que ha perdurado hasta nuestros días. En muchos manuscritos aún se utilizan los números romanos para fecharlos. Recordemos que los números del 1 al 10 eran: I, II, III, IV, V, VI, VII, VIII, IX y X. La L equivale a cincuenta, la C a cien, la D quinientos y la M mil.

♦ Los fenicios y más tarde los hebreos utilizaron también como cifras letras del alfabeto griego. Eran números especiales como diez, cien, mil, etc.

♦ Un sistema original y poco divulgado fue el de los "Quipos" peruanos, que viene de "kipu", que significa nudo en lengua quechua. Este dispositivo para contar utilizado por los peruanos precolombinos consistía en un sistema de cuerdas de diversos colores con nudos en número y disposición diferentes. Ello les permitió, sin conocer la escritura, registrar multitud de datos de utilidad para el Estado.

> *Nuestro sistema de numeración en base diez es de claro influjo árabe. Los primeros signos de esta influencia se detectaron en Gerberto de Aurillac, Papa Silvestre II, en el año 999. Por las obras matemáticas que se le atribuyen, fue el primero que divulgó en occidente las cifras árabes sin el cero.*

☯ **Partidarios del ocho como nuevo sistema de numeración**
El número ocho ha tenido grandes partidarios que han luchado

para que sustituya al diez como base de sistema de numeración, un sistema que pasaría de ser "decimal" a ser "octal". Emmanuel Swedenborg, el filósofo danés, escribió un libro entero apoyando el uso de este nuevo sistema de numeración. Aseguraba que poseía mucho de la simplicidad del sistema binario, pues sería una base traducible a potencias de 2, a pesar de lo cual los números de un tamaño considerable no requerirían de un elevado número de dígitos para ser expresados. 100 en base 10 es 144 en base 8 y 1.100.100 en binario. El binario es mucho más difícil de recordar y más largo de escribir, aunque puede ser obtenido instantáneamente del octal 144 simplemente reemplazando los dígitos por su expresión binaria. 1-4-4 se transforma en 1-100-100 o 1.100.100.

Los argumentos para utilizar esta base de numeración, sin embargo, son más débiles que los que recomiendan la base duodecimal. Pero por su sencilla ligazón con el sistema binario, se usó de forma continuada en los ordenadores hasta la aparición de la serie 360 de IBM, a comienzos de los años 1960, que prefirió usar la base sexagesimal (16), haciendo que el octal perdiera pujanza.

❧ Partidarios del doce como base del sistema de numeración
El doce ha sido defendido hasta hace muy poco como el sistema de numeración más adecuado para todas las necesidades de medición. El naturalista francés Buffon propuso que se adoptara universalmente el sistema duodecimal de numeración, tanto para el cálculo, la medición o el sistema monetario. Su idea fue apoyada por el filósofo Herbert Spencer y los escritores H. G. Wells y George Bernard Shaw.

En 1944 se creó en el estado de Nueva York la Sociedad Duodecimal, una organización sin fines de lucro. Su objetivo era "la investigación y la educación de las personas en la ciencia matemática, con particular relación al uso del sistema en base doce en numeración, matemáticas, pesos y medidas, y otras ramas de ciencia pura y aplicada". Proponía esta sociedad utilizar la letra X para representar al 10 y E para representar al

11, y proclamaban que contar por docenas podía ser aprendido por cualquiera en media hora. A pesar de su empeño divulgador y sus continuos ataques al sistema decimal de numeración, éste se impuso y hoy la Sociedad Duodecimal es un mero apunte anecdótico en la historia de las matemáticas.

☯ ¿Cuánto suman *n* números?

¿No ha sentido nunca la curiosidad de saber cuánto suman todos los números del uno al cien, o del uno al dos mil? Las matemáticas permiten acceder, de forma sencilla, a este tipo de curiosidades. Sólo hay que utilizar la fórmula:

$$n(n+1)/2 = S$$

Donde *n* es el límite por arriba de ese conjunto de números. Por ejemplo: suma de los primeros 32 números:

$$(32 \times 33)/2 = 528$$

¿Y si lo que le interesaría saber es lo que suman todos los números comprendidos entre dos números determinados? También es fácil. Sólo hay que utilizar la fórmula:

$$((n_1 + n_2)/2)(n_2 - (n_1 - 1)) = S$$

Donde n_1 y n_2 son los límites de la serie elegida.
Por ejemplo, ¿cuánto suman todos los números comprendidos entre 11 y 32, ambos inclusive?:

$$((11 + 32)/2)(32 - 10) = 473$$

Y por último, ¿Cómo averiguar cuál sería el número *n* de cualquier serie creada con los números naturales? Por ejemplo, ¿nunca le ha intrigado saber cuál sería el miembro número 100 de la serie 7, 11, 15, 19, 23...? ¿No? Bueno, está bien. No tiene por qué sentir esa curiosidad. Pero sepa que es fácil saberlo, sólo hay que aplicar la fórmula siguiente:

$$S_n = s_1 + (n-1)\, d$$

Donde s_1 es el primer número de la serie, n el lugar que ocupa el número que queremos averiguar y d la diferencia entre los números de la serie.

Por ejemplo: ¿Cuál sería el número que ocupa el décimo lugar de la serie de los números naturales: 1, 2, 3, 4, 5, 6...? Aplicamos la fórmula:

$$S_n = 1 + (10-1) \times 1 = 10$$

Pero ese cálculo es fácil. No merece la pena el esfuerzo. Más mérito conlleva calcular el número que hemos puesto de ejemplo al principio, el lugar número cien de la serie 7, 11, 15, 19, 23... Aplicamos la fórmula:

$$S_n = 7 + (100-1) \times 4 = 7 + 396 = 403$$

El lugar centésimo de la serie referida lo ocuparía el número 403. ¿No se fían y quieren cerciorarse? Pues sigan la serie hasta el miembro número cien y lo comprobarán.

> *En la medida en que los teoremas de las*
> *matemáticas se refieren a la realidad, no son*
> *seguros, y en la medida en que son seguros,*
> *no se refieren a la realidad.*
> *(Albert Einstein)*

☯ Gian Carlo Rota y lo ejercicios de la sección 9

El matemático Gian Carlo Rota ayudó en la construcción de la monumental *Operadores lineales* (*Linear Operators*), de Nelson Dunford y Jacob Schwartz, un tratado de 3.500 páginas. En concreto Rota tenía a su cargo comprobar los ejercicios del capítulo 3. Trabajó duramente, pero para su desconsuelo descubrió que no podía solucionar el ejercicio 20 de la sección 9. Un poco abochornado se lo dijo a Dunford. Los dos juntos, con ayuda de otros miembros del departamento, se pusieron a ello durante horas, pero infructuosamente. Llamaron entonces a Jacob Schwartz, pero él tampoco dio con la solución. Años más tarde, Dunford estaba dando clase sobre operadores lineales a alumnos de la universidad y les puso el ejercicio 20. Curiosamente uno de los alumnos de primer curso no sólo lo resolvió, sino que construyó en torno a él una elegante teoría. Ese alumno se llamaba Robert Langlands.

☯ Salvado por las matemáticas

El físico-matemático Igor Tamm cuenta la siguiente anécdota. Durante la Revolución Rusa, fue capturado por la guerrilla anti-comunista en un pueblo cercano a Odessa a donde él había ido a por comida. La guerrilla lo tomó por un agitador comunista anti-ucraniano y lo llevaron a presencia de su jefe. Esté le preguntó cómo se ganaba la vida y él Tamm contestó que era matemático. El líder guerrillero, sospechando que fuera mentira, después de meditarlo un rato le dijo: "De acuerdo. Calcula el error de la aproximación de la serie de Taylor de una función cuando es truncada en el término n-ésimo. Si contesta correctamente te podrás ir, si fallas te fusilaremos". Tamm calculó la respuesta escribiendo con un dedo sobre el polvo del suelo. Cuando terminó, el bandido revisó lo escrito y le dejó marchar.

Igor Tamm ganó el premio Nobel de Física en 1958, pero nunca descubrió la identidad de ese extraño guerrillero.

☯ Racionalizar Pi.

En 1894, Edward Johnston Goodwin, un médico y matemático aficionado que vivía en una pequeña ciudad de Indiana, publicó en el *American Mathemarical Monthly* un artículo con el título «Cuadratura del círculo». En una serie de pasos obtenía un valor para pi de 3,2 (en lugar de pi = 3,14159...), aunque de un atento análisis de los argumentos que construía podían extraerse otros ocho valores, que iban desde 3.56 a 4. En cualquier caso, Goodwin advenía en su artículo que había registrado su valor de 3.2 en los registros de propiedad intelectual de Estados Unidos, Gran Bretaña, Alemania, Francia, España, Bélgica y Austria.

En 1896 se dirigió a su representante en el Parlamento Estatal de Indiana y le pidió que llevara un proyecto de ley ante la cámara baja, la Cámara de Representantes de Indiana para que se introdujera por ley esa nueva verdad matemática y que se ofreciese como una contribución a la educación para ser utilizada gratuitamente sólo por el Estado de Indiana, mientras que en todos los demás lugares se exigirían derechos de autor. En enero de 1897 llegó a la Cámara la House Bill 246 con este objetivo y después de pasar por dos comités fue aprobada por 67 votos a favor y ninguno en contra. En febrero, a pesar de las mofas de la prensa local, el proyecto de ley fue remitido por el comité responsable a la cámara alta del Parlamento, el Senado, con la recomendación de que se aprobara la ley.

Mediante esta ley ya hubiera sido posible, en Indiana, la cuadratura del círculo. Lástima que los legisladores de la cámara alta no fueran tan crédulos (o supieran algo de matemáticas).

☯ Construcción de un polígono regular de 65.537 lados

En la Universidad de Göttingen hay un cofre que contiene un manuscrito en el que se expone la construcción, usando sólo regla y compás, de un polígono regular de 65.537 lados. Solamente pueden construirse polígonos regulares de número primo de lados por el procedimiento clásico cuando el número de lados sea un primo de un tipo especial: un número primo de Fermat. Sólo se conocen cinco números primos de Fermat: 3, 5,

17, 257 y 65.537. El geómetra que consiguió la proeza, según estimaciones fiables, debió invertir en ello al menos diez años.

☻ ¿Matusalén murió ahogado?

El matemático canadiense H. S. M. Coxeter dedicó su tiempo a calcular la vida de Matusalén a partir de las siguientes frases del antiguo testamento:

"Era Matusalén de ciento ochenta y siete años cuando engendró a Lamec; vivió, después de engendrar a Lamec, setecientos ochenta y dos años, y engendró hijos e hijas. Fueron todos los días de Matusalén novecientos sesenta y nueve años, y murió. Era Lamec de ciento ochenta y dos años cuando engendró un hijo, al que puso de nombre Noé [...]. Vivió Lamec, después de engendrar a Noé, quinientos noventa y cinco años, y engendró hijos e hijas. Fueron todos los días de Lamec setecientos setenta y siete años, y murió [...]. A los seiscientos años de la vida de Noé, el segundo mes, el día diecisiete de él, se rompieron todas las fuentes del abismo, se abrieron las cataratas del cielo, y estuvo lloviendo sobre la tierra durante cuarenta días y cuarenta noches".

Poniendo orden en las cifras, Coxeter obtuvo:
- Nacimiento de Lamec..............187 años
- Nacimiento de Noé..................369 años (187+182)
- Edad de Matusalén el día del Diluvio...969 años (369+600)

Y como Matusalén vivió exactamente 969 años, resulta que su muerte coincide con la llegada de las aguas del diluvio. Y ahí viene el dilema: ¿Murió Matusalén de muerte natural o Noé se olvidó de su abuelo y lo dejo fuera del arca? Palabra de Dios...

☻ El matemático cicerone

El matemático ruso N.I. Lobachevski, uno de los primeros estudiosos de la geometría no euclidiana, era un personaje singular. Durante más de veinte años desempeñó el puesto de rector de la Universidad de Kazán, encargándose, por afición, de ordenar la enorme Biblioteca de su Universidad. Y ocurrió que un día, un distinguido visitante extranjero acudió al edificio de la Biblioteca y al encontrarse con Lobachevski en mangas de camisa, le confundió con un conserje y le pidió que le mostrara la biblioteca y las colecciones del museo. Lobachevski, sin descubrir su identidad, le enseñó los más preciados tesoros dando detenidas explicaciones. El visitante quedó encantado y muy impresionado de la gran inteligencia y cortesía de los empleados subalternos rusos. Al despedirse quiso entregarle una pequeña propina, pero Lobachevski rechazó indignado las monedas ofrecidas. Pensando que se trataba de alguna excentricidad del inteligente conserje, el visitante guardó su dinero.

Aquella noche el rector y el gobernador de Kazán invitaron a una cena oficial a varios visitantes extranjeros, entre los que se encontraba el personaje que había confundido a Lobachevski con un conserje. Durante las presentaciones, el extranjero comprendió el porqué de la sabiduría del conserje y se deshizo en disculpas.

Marilyn vos Savan
y el problema de las puertas

Marilyn vos Savan es el ser humano vivo que ostenta el mayor índice de inteligencia del que se tenga noticia. Si usted, lector, o yo, como mucho podemos llegar a tener un índice (IQ) de aproximadamente 110 ó 120 (siendo generosos), y si a partir de 150 se considera a una persona en la frontera para ser considerada un genio, esta señora tiene 228. No se conoce un ser vivo con mayor coeficiente. Esta mujer escribía una columna en la revista *Parade*, columna que se titula "Pregúntale a Marilyn" y que es muy popular. Su reputación como matemática no se benefició, sin embargo, con su libro *The World's Most Famous Math Problems* (*Los problemas matemáticos más famosos del mundo*) publicado en 1993, y donde cuestionaba no sólo la validez de la prueba de Wiles sobre el último Teorema de Fermat sino incluso la misma Teoría de la Relatividad.

Pues bien, en su columna del 9 de septiembre de 1990, **vos Savan** contestó a un conocido problema de probabilidades remitido por un lector. Hacía referencia a un concurso, *Monty Hall*, entonces popular en la televisión, donde al participante se le ofrecían tres puertas. Detrás de una de ellas había un coche y detrás de las otras dos una cabra (o premio de similar significancia). El concursante elige, por ejemplo, la puerta 1, y el presentador, que sabe dónde se esconde el coche, le abre otra puerta, donde se ocultaba una cabra. Entonces el presentador da al concursante la oportunidad de elegir entre las dos puertas restantes. El concursante se encuentra con el dilema de mantener la puerta elegida o cambiarla. ¿Qué debería hacer? Vos Savan aconsejaba, sin ninguna duda, cambiar de puerta. Argumentaba que mantener la puerta elegida proporciona 1/3 de probabilidades de ganar, pero que cambiando de puerta la probabilidad subía hasta los 2/3. Para convencer a sus lectores proponía que imaginaran un millón de puertas: "Usted elige la puerta número 1. Entonces el presentador, que sabe dónde se esconde el coche, abre todas las puertas excepto la nr. 777.777. Usted se cambiaría inmediatamente a esa puerta, ¿no es así?" Esta solución, que **vos Savan** daba por evidente, por lo visto no lo era tanto. No bien apareció la solución en su columna, el correo la inundó con protestas de multitud de lectores, muchos de ellos matemáticos. Todos mantenían que las probabilidades eran las mismas para cada puerta, es decir, un 50%, no 2/3 a favor de cambiar de puerta. Las cartas remitidas por matemáticos eran las más ofensivas, acusándola de difundir errores matemáticos entre el público poco preparado en esta materia y le exigían que reconociese su error. Sostenían con tenacidad que, confrontado el concursante con dos puertas, las probabilidades de que el coche estuviera en una de las dos, era sencilla y obviamente del 50 %.

186

Como defensa de su tesis, **vos Savan** incluyó en su siguiente columna una tabla como la que a continuación presentamos:

Puerta 1	Puerta2	Puerta **3**	**Resultado**
(eliges la puerta No.1 y la mantienes sin cambiar)			
Coche	Cabra	Cabra	Ganas
Cabra	**Coche**	Cabra	Pierdes
Cabra	Cabra	**Coche**	Pierdes

Puerta 1	Puerta2	Puerta **3**	**Resultado**
(eliges la puerta No.1 y cambias)			
Coche	Cabra	Cabra	Pierdes
Cabra	**Coche**	Cabra	Ganas
Cabra	Cabra	**Coche**	Ganas

La tabla pretendía demostrar, en opinión de **vos Savan**, que "cuando cambias, ganas dos veces de cada tres y pierdes una vez de cada tres; pero cuando no cambias, los resultados son inversos: sólo ganas una vez de cada tres".

Pero la tabla no calló a sus detractores. De las miles de cartas que recibió, nueve de cada diez no estaban de acuerdo, destacando las de un estadístico del Instituto Nacional de la Salud y de un director del Centro por la Defensa de la Información. Algunos comunicados eran insultantes, comparando a **vos Savan** con una cabra y acusándola de sumir, más si cabe, a la población en la ignorancia matemática.

Vos Savan intentó otra forma de aproximación al problema. En otra de sus columnas sugirió que el lector imaginase que justo después de que el presentador abriese la puerta que mostraba la cabra, apareciese un platillo volante en el plató del que saliese un hombrecillo verde. Sin conocer qué puerta había elegido el concursante, se le pide que elija entre una de las dos puertas restantes. La probabilidad de que en una de ellas esté el coche sería, ciertamente, del 50 %, pero sólo porque el extraterrestre no contaba con la ventaja de saber lo que sabía el concursante con la ayuda del presentador: el contenido de una puerta anterior. Si el premio estuviera detrás de la puerta número 2, el presentador habría abierto la número tres; y si el coche estuviera detrás de la puerta número 3, hubiera abierto la número 2. Entonces, al cambiar, tú ganas si el premio se oculta tras la puerta número dos o número tres "¡esté en cualquiera de las dos!" Pero si no cambias, sólo ganas si el coche está detrás de la puerta número 1.

En resumen: como hubieron de admitir posteriormente los matemáticos, **Marilyn vos Savan** tenía razón. Como una demostración directa era excesivamente complicada, se realizaron pruebas por el método Montecarlo (consistente en realizar los suficientes ensayos y de ahí generalizar los resultados) y, efectivamente, éstas dan la razón a **vos Savan**. O sea, que si usted acude a un concurso de la televisión y se encuentra con el dilema expuesto, no lo dude: ¡cambie de puerta!

☯ El número *e*

Después de π el número irracional y trascendente más famoso es el número "e":

e = límite de $(1 + 1/n)^n$ cuando *n* tiende a infinito = 2,718281828...

Y como número trascendente, curioso y útil, "e" también ha tenido sus fans y seguidores. En 1952 un ordenador electrónico de la Universidad de Illinois calculó, bajo la supervisión de D. J. Wheeler, 60.000 decimales del número e. En 1961 Daniel Shanks y John W. Wrench Jr., del centro de datos de IBM en Nueva York, ampliaron esta cifra hasta los 100.265 decimales. Como la extraña atracción que los matemáticos sienten por e es muy similar a la que sienten por π, éstos se han preguntado si existe alguna fórmula que relacione a estos dos números, causantes de tanta chifladura. La respuesta es sí. Son muchas las fórmulas sencillas que las unen, pero la más conocida es la ecuación de Euler, y que se representa así:

$$e^{i\pi} + 1 = 0 \quad ; \text{donde } i = \sqrt{-1}$$

Además, e^{π} es también un número trascendente = 23,1046926327...

> *No puedo negarlo. Cuando vi por primera vez que la gente de mi país comenzaba a conocer el significado de la notación radical en matemáticas, lágrimas de alegría salieron de mis ojos.*
> *(George C. Lichtenberg)*

Breve *Histoire D' e*

♠ El número **e** fue primeramente estudiado por el matemático Euler, y es también conocido como el número de Euler, aunque es una coincidencia que este número lleve la inicial de prestigioso matemático.

♠ El mismo Euler probó, en 1737, que este número, al igual que luego se demostraría con π, era irracional. Charles Hermite (1822-1901) probó en 1873 que e también era trascendente.

♠ Newton mostró en 1665 que $e^x = 1 + x + x^2/2! + x^3/3! + \ldots$, lo que equivalía a que $e = 1 + 1 + \frac{1}{2}! + 1/3! + \frac{1}{4}! + \ldots$

El número e, en la vida normal

*Alguno se preguntará para qué sirve o cómo nos afecta este número en nuestra vida cotidiana. **Pi**, todos lo sabemos, es útil para tratar con toda clase de círculos y circunferencias. Allí donde haya una rueda u*

*objeto circular, duerme en sus entrañas el número **pi**. Pero, ¿y **e**?*
¿Dónde subyace escondido este número singular? Veámoslo:

• *Si juegas a "La guerra" con dos barajas, la probabilidad de pasar*
toda la baraja sin que en una de las simultáneas alzadas de cartas se
produzca un emparejamiento, es casi exactamente 1/ e.

• *La cuerda de tender la ropa en los patios de vecinos forma una curva*
(denominada catenaria) cuya fórmula es:

$$\tfrac{1}{2}\,(e^{x} + e^{-x})$$

• *El límite de los réditos al aplicar el interés compuesto cuando el*
número de períodos de cómputo de los intereses tiende a infinito es e
*(ver la historia "El número **e** y la avaricia del prestamista", al final de*
capítulo), y se expresa así:

$$[1+1/n]^{n} = e$$

• *La población de animales y humanos parecen crecer de la misma*
*manera que los intereses, quedando así delimitado por el número **e**. A*
este crecimiento se le denomina crecimiento exponencial. El proceso
inverso se denomina decrecimiento exponencial.

• *La medicina forense también tiene aplicaciones para este singular*
número, pues ahora se sabe que los cadáveres pierden calor de forma
*exponencial, y **e** se utiliza en la ecuación que determina cuánto tiempo*
lleva muerto un individuo.

☻ No conviene llegar tarde a clase… o sí

El estadístico americano George Dantzing (1914-2005) fue
protagonista de una anécdota curiosa. De estudiante, habiendo
llegado tarde a una clase de estadística de J. Neyman, vio dos
enunciados de problemas en la pizarra. Anotó los enunciados
y durante días se aplicó en resolverlos. Achacó la dificultad de
los mismos a una rabieta del profesor, pero siguió con ellos.
Finalmente los resolvió y los entregó al profesor. El siguiente
domingo a primera hora J. Neyman apareció por su casa para
felicitarle y recomendarle que publicara los dos resultados. Lo
que Dantzing copió no eran deberes para casa sino dos
problemas que nadie antes había resuelto.

❂ David Hilbert, la eminencia

David Hilbert, nacido en 1862 en la ciudad de Königsberg, fue uno de los matemáticos más importantes del siglo XX. En 1895 fue nombrado profesor en Gotinga, donde se retiró en 1930. Cuando, ya retirado, el ministro nazi de Educación le preguntó cómo se desarrollaban las matemáticas después de la expulsión de los judíos, Hilbert contestó: "Ya no existen matemáticas en Gotinga".

Durante una conferencia celebrada en París en 1900, pronunció una de las frases más célebres de toda la historia de las matemáticas: "Wir müssen wissen, wir werden wissen! In der Mathematik gibt es kein *Ignorabimus*. (¡Debemos saber y sabremos! En matemáticas no hay *ignorabimus)*.

Durante ese famoso encuentro en París también planteó 23 cuestiones o retos matemáticos que en su época quedaban por resolver. (Ver pag. 73).

En un congreso donde se hablaba de las matemáticas puras y las aplicadas, se le pidió a David Hilbert que dirigiese unas palabras a los asistentes para quitar cierta fricción que parecía existir entre los dos grupos de matemáticos. Hilbert les habló así: "a menudo se nos dice que las matemáticas puras y las aplicadas son hostiles entre ellas. Eso no es verdad. Las matemáticas puras y aplicadas nunca han sido hostiles entre sí. Las matemáticas puras y aplicadas nunca serán hostiles entre sí. Las matemáticas puras y aplicadas no pueden ser hostiles entre sí porque, de hecho, no tienen nada en común".

❂ Leonhard Euler, el maestro de todos los matemáticos

Considerado "el maestro de todos los matemáticos", Leonhard Euler (1707-1783) es el matemático más prolífico de la historia. Y ello a pesar de haber perdido un ojo antes de los 30 años y haberse quedado ciego a los 60 años (invidente, dictando a sus hijos o a su colaborador Nikolaus Fuss, aún publicó más de 300 trabajos). De los más de 80 volúmenes de su *Opera Omnia*, sólo 29 constituyen *Opera Mathematica*. El resto corresponde a estudios de mecánica, física, astronomía, náutica, arquitectura, etc.

Euler poseía una memoria prodigiosa. Se cuenta que era capaz de recitar en latín la *Eneida* completa. También poseía una increíble capacidad de cálculo mental; podía enumerar, sin utilizar lápiz ni papel, no sólo los primeros 100 números primos sino sus cuadrados, cubos y hasta las potencias sextas.

☯ Carl Friedrich Gauss, el zorro de las matemáticas

Jacobi llamó a Gauss (1777-1855) el "zorro de las matemáticas" porque borraba sus huellas en la arena con su cola. La precocidad de Gauss queda manifiesta en la siguiente anécdota: en la escuela, el maestro, a manera de diversión, le preguntó cuánto sumaban todos los números comprendidos entre 1 y 100. Se dice que Gauss contestó en menos de un minuto. El niño Gauss, ya todo un prodigio, se dio cuenta de que los cien números podían dividirse en 50 pares, como sigue: 1+100, 2+99, 3+98... Lo que equivale a 50 números de valor 101, que multiplicándolos arrojaría la cifra de 5050, que es la solución que dio Gauss.

Conocida es también la ayuda que prestó Gauss a una asociación de viudas, que se había quedado casi sin fondos para cubrir sus pensiones. Las buenas señoras recurrieron a Gauss para que con sus conocimientos les ayudara a conseguir dinero en la Bolsa, labor que el matemático realizó exitosamente. Incluso el propio Gauss aumentó su ya de por sí considerable fortuna, ya que las inversiones que recomendó a las viudas las realizó él también por su cuenta.

Se dice que Gauss era mezquino, que cuando compartía trabajos con estudiantes, siempre decía que él ya lo había hecho antes. Lo cual no siempre era verdad.

Jean le Rond d'Alembert (1717-1783)

D'Alembert, más conocido por su participación en la elaboración de la primera Enciclopedia, fue un matemático dotado y adelantado. Fue el primero que propuso utilizar

las matemáticas para resolver y analizar problemas
sociales. De él surgió el concepto de "esperanza de vida",
que él mismo estudió sobre la población de París. Gracias
a estos estudios sabemos que la vida media de un
ciudadano de la mencionada capital, en su época,
mediados del siglo XVIII, era de 26 años.

❧ El matemático sin manos

El matemático ruso-americano Salomon Lefschetz (1884-1972) fue educado como ingeniero, pero al sufrir un accidente en el que perdió ambas manos, se dedicó a las matemáticas. Fue pionero en muchas áreas de lo que hoy se conoce como topología algebraica, incluyendo su teorema del punto fijo. También realizó importantes descubrimientos en geometría algebraica.

A Lefschetz le gustaba repetir, como ejemplo de pedantería matemática, la historia de una de las visitas de E. H. Moore a Princeton, aquella en la que Moore inició su lección diciendo: "Sea a un punto y sea b un punto". Como Lefschetz le interrumpiera para decirle: ¿Por qué no dice sencillamente "sean a y b dos puntos"?, Moore le contestó: "Porque a podría ser igual a b". Lefschetz se levantó y abandonó la clase.

Lefschetz era un matemático intuitivo. Se decía que nunca había dado una prueba completamente correcta, pero que tampoco nunca había realizado una conjetura errónea. Sus clases llegaban casi a la incoherencia. Tenía un brazo artificial, con el que cogía la tiza y llenaba la pizarra con trazos enormes e inseguros, como un niño que aprendiera a escribir.

❧ El matemático contestatario

El matemático Stephen Smale (n. 1930), original y explorador de nuevas vías en matemáticas, cuando comenzó la guerra de Vietnam, y junto con Jerry Rubin, un líder contracultural, se manifestó en contra de la misma y participó en los intentos de impedir que trenes con tropas cruzaran California. En 1966, cuando el Comité de Actividades Antiamericanas intentaba citarlo para interrogarle, se largó a Moscú para participar en un Congreso Internacional de Matemáticos. Allí recibió la Medalla Field, el mayor honor de esta profesión, comparable al premio Nobel en ciencias.

En Moscú se reunieron cinco mil agitados y agitadores matemáticos. La tensión política era intensa. Circulaban las peticiones de todo tipo. Cuando el congreso se aproximaba a su fin, Smale respondió a una invitación de un reportero norvietnamita para dar una conferencia de prensa en los escalones de la Universidad de Moscú. Smale comenzó condenando la intervención norteamericana en Vietnam y entonces, cuando su anfitrión comenzaba a sonreír, condenó también la invasión soviética de Hungría y la falta de libertades en la Unión Soviética. Terminada la improvisada rueda de prensa, Smale fue conducido a las dependencias policiales rusas para ser interrogado... y deportado. Cuando regresó a California, la Fundación Nacional para la Ciencia le canceló la beca.

❂ Algunas mujeres matemáticas

Aunque no sean muy conocidas, han existido mujeres que han sido excelentes matemáticas. Una de ellas fue Sophie Germain (1776-1831), quien tuvo contactos con Gauss en Gotinga y con Legendre en París. Cuando comenzó la correspondencia con Gauss, utilizó un seudónimo masculino con la intención de que Gauss la tomara en serio. Firmaba las cartas con el nombre de Luois Le Blanc. Entre sus méritos figura la prueba de que "para todos los números primos n menores que 100, si existiese una solución para el teorema de Fermat (ver sección 6.1), alguno de los números x, y ó z tendría que ser múltiplo de n". Este enunciado se conoce hoy como *Teorema de Sophie Germain* y lo publicó en su libro **Teoría de los números**.

Otras matemáticas de renombre (omitimos a Hipatia de Alejandría, por haber tenido ya su entrada en este libro, al igual que Maria Gaetana Agnesi, por la misma razón):

♥ **Teano** (S. VI a.n.e.). Teano de Crotona puede considerarse la primera mujer matemática. Fue discípula de Pitágoras, con el que terminó casándose. Enseñó en la escuela pitagórica. Por fragmentos y cartas que se conservan se conjetura que fue una mujer prolífica, achacándosela varios tratados anónimos de matemáticas, física y medicina. En concreto el tratado *Sobre la Piedad,* del que se conserva un fragmento con una reflexión sobre el número. Se le atribuyen también trabajos sobre los poliedros regulares y sobre la teoría de la proporción, en particular sobre la divina proporción (número de oro). Después de la rebelión contra el gobierno de Crotona, muerto ya Pitágoras, Teano pasó a dirigir la comunidad, ahora dispersa y con sus miembros exiliados o muertos. No obstante, con la ayuda de dos de sus hijas, difundió los conocimientos matemáticos y filosóficos por Grecia y por Egipto.

♥ **Émilie de Châtelet** (1706-1749). Émilie de Breteuil, Marquesa de Châtelet, perteneció a una familia ilustre. Su abuelo paterno ocupó el cargo de consejero de estado y su padre, el barón de Breteuil, gozó de la confianza del rey Luis XIV. A los 19 años se casó con Florent Claude, marqués de Châtelet. Con diez años Émilie ya había estudiado matemáticas y metafísica; a los 12 años sabía inglés, italiano, español y alemán y traducía textos del latín. Como anécdota que definía la época que le tocó vivir, en un café de París no la dejaron entrar por ser mujer. Estudió a Descartes, Leibniz y a Newton. Escribió *Las instituciones de la física*, libro que contiene el cálculo infinitesimal. Hacia 1745 tradujo los principios de la matemática de Newton, cuya edición la terminó después de quedarse embarazada.

♥ **Ada Byron** (1815-1851)

Los Loops o bucles, hoy herramienta fundamental de los programadores, fueron inventados hace más de 100 años, en concreto por una mujer: Ada, la hija de Lord Byron. En 1833 Ada conoció a Charles Babbage, quien diseñaba una máquina de calcular denominada Máquina Analítica (*Analytical Engine*). Ada, una matemática natural desde los 8 años, fue una de los pocos que entendieron la visión de Babbage. Pronto iniciaron una estrecha colaboración que hicieron de esta extraordinaria mujer la primera programadora del mundo. Al designar los programas para esta Máquina Analítica, vio la necesidad de crear bucles y subrutinas. Si bien escribió estas descripciones para la máquina que estaban construyendo, no las publicó con su nombre, pues en esa época, conocida como Victoriana, las mujeres no debían escribir trabajos científicos. Concedió, dados estos problemas y con el consentimiento de su esposo, publicarlo con las iniciales A.A.L. La vida de Ada fue trágica. Se volvió ludópata, alcohólica y adicta a la cocaína, y murió de cáncer a los 36 años. Todo muy estilo Byron.

♥ **Emmy Noether** (1883-1935). Amalie (Emmy) Noether era hija de un célebre matemático alemán, Max Noether. Emmy siguió la vocación de su padre y, pese a las muchas dificultades que encontró en su camino, se doctoró en 1907. Luego pasó a Gotinga y colaboró con David Hilbert estudiando problemas matemáticos de la Teoría de la Relatividad. La importancia de sus trabajos llevó a Hilbert a proponerla como profesora, pero el cuerpo de profesores se opuso argumentando que era una mujer. La respuesta de Hilbert ante tamaña excusa fue: "Por lo que yo sé, y observo, esto es una universidad y no un cuarto de baño".

♥ **Grace Chisholm Young** (1868-1944). Esta matemática inglesa nació en plena época victoriana. De buena familia, aprendió cálculo mental de su madre. A los diecisiete años aprobó los exámenes para ingresar en Cambridge, pero su condición de mujer impidió que la admitieran. Pero ello no fue óbice para que siguiese aprendiendo. Su primer libro, *Primer libro de Geometría*, recomendaba enseñar geometría utilizando cuerpos geométricos en tres dimensiones. Su padre, visto el interés de la muchacha, le apoyó en el estudio de las matemáticas. Entró finalmente en la universidad de Cambridge, mas tuvo dificultades para asistir a algunas clases. Obtenida la licenciatura se vio obligada a proseguir su carrera de matemáticas en otro país, pues en la Inglaterra de su época eso era impensable. Se doctoró en Göttingen, siendo la primera mujer que consiguió doctorarse en matemáticas de una forma *"normal"*. Volvió a Inglaterra. Su tesis, distribuida entre personas familiarizadas con tan ardua disciplina, cayó en manos de William Young, quien le pidió su colaboración para escribir un libro de astronomía. Más tarde, y como fruto de la estrecha colaboración, Willian la solicitó en matrimonio. Ella lo rechazó, pero Willian no cejó hasta conseguir hacerla su esposa. Pese a una vida dedicada a su marido e hijos (tuvo seis) logró escribir varios textos, e hizo unas aportaciones a la integral de Lebesque y al estudio de las derivadas de las funciones reales.

La vida extraordinaria de Sonya Kovalevskaia

A los quince años Sonya Kovalevskaia empezó a estudiar Matemática, ciencia que la cautivó desde el primer momento de tal manera que a los dieciocho había hecho grandes progresos y a los veinte decidió marchar a Alemania para dedicarse de lleno a su estudio. En aquella época, la situación de la mujer era completamente distinta de la da hoy, sobre todo en Rusia. La conmoción de 1914, al transformar las condiciones de vida, transformó también el papel de la mujer, que pasó a ser colaboradora y, en muchas ocasiones, la rival profesional del hombre.

Sonya contrajo un matrimonio blanco, conviniendo con su esposo que serían como hermanos hasta que ella terminara sus estudios, y salió de Rusia para Alemania siendo oficial y legalmente la señora Kowalevskaia, pudiendo así viajar sola sin escandalizar a nadie.

Siguió los cursos de Física de Kirchoff y de Helmholtz y conoció a Bunsen en circunstancias que vale la pena de recordar. El famoso químico había dicho: "Ninguna mujer profanará con su presencia mi laboratorio". Sonya Kowalevskaia, que era un diablillo, lo supo y fue a visitar a Bunsen dejándose el sombrero en casa. Esto del sombrero tiene su explicación. Sonya era bellísima y, sobre todo, tenía unos ojos fascinadores que ocultaba con un sombrero de alas anchas porque, al decir de un contemporáneo, "a la elocuencia de sus ojos nadie podía resistir cuando quería obtener algo". Sonya cautivó a Bunsen y profanó el santuario de su laboratorio.

A fines del 1869 Sonya estudiaba funciones elípticas en Heidelberg con Leo Königsberger, que había sido discípulo de Weierstrass en Berlín, y tantos elogios hacía Königsberger de su maestro que Sonya decidió ir a estudiar con Weierstrass.

Cuando se enteró Bunsen, previno al matemático. "Es una mujer que me ha hecho renegar de mis propias palabras. Que no se quite el sombrero, porque sin él es muy peligrosa". Hoy el químico hubiera dicho que Sonya tenía ojos de mujer fatal. Weierstrass se rió. No es que Weierstrass fuese un misógino, ni mucho menos. Cuando se cruzaba en la calle con una mujer bonita volvía la cabeza para contemplarla.

El carácter serio de Sonya y sus conocimientos matemáticos encantaron a Weierstrass, que escribió a Königsberger pidiéndole informes. Fueron excelentes: Sonya tenía condiciones intelectuales para hacer de ella una gran matemática. Como la Universidad de Berlín no admitía entonces inscripciones femeninas, Weierstrass pidió al Consejo Universitario que exceptuara de tal prohibición a la joven rusa. No lo consiguió, y ella entonces propuso al gran matemático que le diera lecciones particulares, a lo que Weierstrass accedió.

Cuando Sonya fue a Berlín tenía veinte años, edad peligrosa para una mujer, y Weierstrass contaba ya cincuenta y cinco, edad peligrosa para un hombre porque suele retoñar la juventud perdida. A la primera lección, Sonya acudió con sombrero. A la segunda, sin sombrero. Durante cuatro años Weierstrass dio a Sonya lecciones privadas, sólo interrumpidas por pequeños intervalos de vacaciones, y en el otoño de 1874 ella volvió a Rusia dejando escrita una memoria, que se publicó después en el Journal de Crelle, 1875: Zur Theorie der partiellen

198

Differentialgleichungen, en donde expone, aplica y desarrolla algunos resultados inéditos de Weierstrass, y la Universidad le concedió el diploma in absentia.

Weierstrass, con el prestigio que le daba su nombre, pidió a todas las universidades del mundo una cátedra para su discípula, pero no fue atendido, con gran disgusto del genial matemático, que no se recataba para censurar la incomprensión de la burocracia académica. Pero mientras Weierstrass lanzaba en todas las direcciones de la rosa de los vientos el nombre de Sonya, ésta se entregaba de lleno a la vida mundana en San Petersburgo, cuya atención había atraído por su diploma alemán. Periodistas, literatos, poetas y hombres de mundo halagaron su vanidad femenina y Sonya se olvidó de las matemáticas.

De la nueva vida frívola de Sonya se enteró Weierstrass por Chebycheff, catedrático de la Universidad de San Petersburgo que por aquellos días fue a visitar a su colega alemán, quien escribió a Sonya preguntándole cómo era posible que hubiera abandonado las matemáticas. Sonya no contestó hasta octubre de 1878, pare pedir a su maestro una consulta técnica, que dio origen a una ininterrumpida correspondencia matemática e íntima, hasta 1880, en que, sin esperar respuesta a una carta suya, Sonya marchó a Berlín, donde, por sugestión de Weierstrass, estudió el problema de la propagación de la luz en un medio cristalino, y a los tres meses regresó a Moscú, tan transformada en su manera de ser, que no la conocieron sus admiradores de antes. Ni su marido tampoco, con el cual no congeniaba.

El año 1883 Sonya Kowalevskaia fue a París para trabar contacto personal con los matemáticos franceses y allí recibió la noticia de que su marido se había suicidado en Moscú a causa de dificultades económicas. Sonya se encerró en sus habitaciones, presa de un ataque de nervios, y estuvo cuatro días sin comer. Al quinto sufrió un desvanecimiento y, repuesta al día siguiente, pidió lápiz y papel, lo llenó de fórmulas y se marchó a Odesa a leérselo a los matemáticos reunidos allí en congreso, en el que tuvo un éxito delirante.

El matemático Mittag-Leffler pidió para ella una cátedra en la Universidad de Estocolmo. El matemático sueco fue más afortunado que el alemán, y Sonya Kowalevskaia conservó su puesto hasta el 10 de febrero de 1891 en que murió, recién cumplidos los cuarenta años, aquella mujer excepcional tanto por sus dotes intelectuales como por su belleza.

❂ Pío Baroja también estaba enterado de las matemáticas

A Don Pío Baroja le manifestó cierta vez un profesor burgalés:

- Ya ve usted qué talento tendrá Vázquez de Mella, que ha encontrado la decimoséptima prueba matemática de la existencia de Dios.

Y Don Pío le contestó:

- ¡Bah, el padre jesuita Atanasio Kircher encontró seis mil quinientas sesenta y una pruebas, ni una más ni una menos; en cambio, Laplace, que no era seguramente torpe en matemáticas, no pudo encontrar ninguna.

❂ Los primos Titanic

Un tal Samuel D. Yates, de Florida, coleccionó todos los números primos conocidos con más de mil cifras. Denominó a este tipo de números "Los primos Titanic". Muchos de estos enormes primos poseen curiosas características. Por ejemplo, el 230º número primo más largo, con un total de 6.400 cifras, se compone enteramente de nueves, excepto por un ocho. El que hace el 321º más largo, con 5.114 cifras, se compone exclusivamente de unos y ceros. El 41º primo más largo (11.311 cifras) es palíndromo (ver sección **3.1.4**). El 297º más largo (5.323 cifras) posee un solo cuatro seguido de 5.322 nueves. El 713º primo más largo, por ejemplo, es uno de los más singulares:

$$(10^{1951}) \cdot (10^{1975} + 199199199199199199199199199) + 1$$

Y es singular porque este número de 3927 cifras fue descubierto por Harver Dubner en 1991. ¿No es asombrosa la coincidencia?

La lista de los Primos Titanic está ya en Internet y contiene más de 900 números. Dentro de estos existe una nueva categoría, los primos gigantes, que son aquellos que superan las 5.000 cifras.

☯ Paul Dirac y las matemáticas bellas

El físico Paul Dirac, al cumplir ochenta años, fue invitado a resumir su obra en un congreso internacional celebrado en honor suyo en Nueva Orleans. El significativo título de su conferencia, "Pretty mathematics" ("Matemáticas bellas"), expresa su método de trabajo: "Me he dedicado toda mi vida a buscar relaciones matemáticas bellas y cuando he encontrado alguna, he seguido la pista".

☯ R H Bing y las charlas matemáticas

Cuando era joven el matemático texano R H Bing solía decir que prefería dar una charla de matemáticas que atender a una. Ya de viejo solía decir que prefería dar "dos" charlas de matemáticas que escuchar una.

☯ Algunas anécdotas sobre Bertrand Russell

• Cuando el editor William Jovanovich (1920-2001) fue estudiante en Harvard solía cenar en una cafetería famosa por su comida asquerosa pero barata. Allí también solía cenar Bertrend Russell, miembro de una familia rica y distinguida. Un día Jovanovich no pudo resistir la curiosidad y se acercó al filósofo y matemático y le dijo: "Señor Russell, yo sé por qué como aquí. La razón es que soy pobre. Pero, ¿por qué come usted aquí?". Y Russell respondió: "Porque nunca soy interrumpido".

• Un amigo se encontró cierta vez a Bertrand Russell en un estado de profunda meditación. Al preguntarle qué le preocupaba, el filósofo replicó: "Es que he hecho un gran descubrimiento. Cada vez que hablo con un sabio tengo la impresión que la felicidad no es una posibilidad a nuestro alcance. Sin embargo, cuando hablo con mi jardinero, me convenzo de lo contrario".

• Bertrand Russel tuvo que dar una conferencia a un club de mujeres conservadoras en Inglaterra. Era la época de la guerra fría y el título de la conferencia era "La política en Inglaterra". Siendo Russell un izquierdista y un ateo empedernido, y aunque procuró expresar sus ideas de un modo moderado, las mujeres se revolvieron contra él y le atacaron con lo que tenían en las manos: bolsos, paraguas, etc. Un sargento de guardia acudió al rescate. Por una parte este suboficial quería salvar a Russell pero al mismo tiempo no indisponerse con las mujeres, por ello gritó mientras protegía al filósofo: "Por favor, sean educadas, este hombre es un gran matemático". Pero ni así se calmaron las mujeres, que siguieron en su empeño de apalearlo. Entonces el sargento gritó: "Cálmense, por favor, su hermano es un noble (Earl)". Y las mujeres se calmaron.

El matemático británico de 62 años John Conway, profesor e investigador en la Universidad de Princeton, aparte de haber descubierto una nueva familia de números, los números irreales, trabaja últimamente con espacios de 196.883 dimensiones.

❧ Progreso de las ideas, según Miriam H. Young
En su libro **The Arithmetic Teacher** (*El profesor de aritmética*) Miriam H. Young resume de esta forma el progreso de las matemáticas:
Platón: "Dios geometriza."
Jacobi: "Dios aritmetiza."
Dedekind: "El hombre aritmetiza."
Cantor: "La esencia de las matemáticas radica en su libertad."

Los peligros de trabajar con infinitos

El matemático nacionalizado alemán Georg Cantor desarrolló una elegante estructura jerárquica con sus infinitos. Su trabajo era frenético, durante los que tuvo que soportar episodios de manía, tras los cuales descendía hacia la más negra depresión. Esos ataques se volvieron tan frecuentes que tuvo que dejar de lado las matemáticas y centrarse en temas ajenos, como, por ejemplo, probar que las obras de teatro de Shakespeare las había escrito el filósofo inglés Francis Bacon, y que Cristo era, en realidad, el hijo biológico de José de Arimatea. Estos arrebatos solo sirvieron para dar peso a los argumentos de quienes decían que se estaba volviendo loco. En mayo de 1884 sufrió un colapso mental y tuvo que ser internado en un sanatorio en Halle. Allí su carácter tornose violento: aullaba por las noches, insultaba de forma. incontrolable a sus doctores y enfermeras, cuando no se sumía en un silencio de ultratumba, quedando en reposo sin moverse.

Cantor, que dijo que hacía frío en todo lo que pensaba, mens insana in corpore sano, también reía que el sueño del poeta hace la isla.

☯ El cuerpo de Descartes, o vayamos por partes

Descartes murió en Suecia de una pulmonía en febrero de 1650. La culpa la tuvo la reina de Suecia, que le hacía levantar muy temprano (a él, que solía permanecer en la cama hasta el mediodía) y darle lecciones en una habitación amplia y fría. Después de su muerte el cuerpo de Descartes permaneció en Suecia 70 años, hasta que los franceses pidieron su recuperación. En 1667 sus huesos fueron devueltos a París. ¿Pero, volvió entero? Una historia cuenta que su cabeza no regresó. Su calavera no retornó a Francia hasta 1809 cuando el químico sueco Jons Berzelius se la regaló al anatomista francés George Cuvier. Otra historia dice que los huesos fueron enviados sin los correspondientes a la mano derecha, que fueron recuperados luego por el ministro de hacienda francés. Descartes descansa hoy, intacto, en el Panteón de París. Pero vino por partes.

Antes de terminar, conviene echar una vista a otra dimensión:

Los matemáticos y la cuarta dimensión
o
Hay vida tetradimesional después de Abbott

Después del éxito de **Planilandia** *(1884), un libro que recurría a la cuarta dimensión o incluso dimensiones superiores, se desbocó. El matemático Charles H. Hinton, que ya había escrito sobre un universo bidimensional y de los seres que lo habitan en varios artículos de principios de la década de 1880, a raíz del éxito de Abbott escribió una novela titulada* **An Episode of Flatland, or How a Plane Folk Discovered the Third Dimension** *(Un episodio de Planilandia, o cómo un ciudadano corriente descubrió la cuarta dimensión). Este escritor y matemático estuvo toda su vida obsesionado con poder ver la cuarta dimensión. Escribió Hinton varias obras más con personajes geométricos. A Hinton se le conoce sobre todo por acuñar la palabra teseracto (tesseract en inglés) para su sistema de visualización de geometrías en varias dimensiones.*

Pero antes de **Planilandia***, quizá como un precursor, el psicólogo alemán Gustav Fechner (1801-1887), publicó un relato corto titulado* **El espacio tiene cuatro dimensiones***, en el que un hombre-sombra era proyectado en una pantalla vertical por un proyector opaco, y donde el mito de la caverna de Platón se entrelaza de alguna manera con la cuarta dimensión.*

Dionys Burguer (1892-1987), al hilo de la moda desatada por **Planilandia***, escribió* **Sphereland, A Fantasy About Curved Spaces and an Expanding Universe** *(Esferalandia, una fantasía sobre espacios curvados y el universo en expansión), donde el protagonista es un Hexágono, nieto de Cuadrado (Cuadrado es el protagonista de la obra de Abbott), en una sociedad que ha* *evolucionado socialmente.*

Pero es quizás el escritor británico H. G. Wells el que más utiliza el concepto de cuarta dimensión en sus novelas, siendo la más conocida La máquina del tiempo (1895). En ella, Wells considera que el tiempo es la cuarta dimensión, pero no en el sentido relativista (que surgiría varias décadas después) sino el espacio-tiempo estático, como era considerado en aquellos años. El protagonista es un científico que ha estado trabajando en la geometría de la cuarta dimensión y que construye una maquina con la que poder desplazarse a través de la dimensión temporal. He aquí un breve extracto de la novela donde explica lo que entiende por cuarta dimensión:

"Evidentemente -prosiguió el Viajero a través del Tiempo- todo cuerpo real debe extenderse en cuatro direcciones: debe tener Longitud, Anchura, Espesor y... Duración. Pero debido a una flaqueza natural de la carne, que les explicaré dentro de un momento, tendemos a olvidar este hecho. Existen en realidad cuatro dimensiones, tres a las que llamamos los tres planos del Espacio, y una cuarta, el Tiempo. Hay, sin embargo, una tendencia a establecer una distinción imaginaria entre las tres primeras dimensiones y la última, porque sucede que nuestra consciencia se mueve por intermitencias en una dirección a lo largo de la última desde el comienzo hasta el fin de nuestras vidas".

La siguiente novela de Wells, La visita maravillosa, también publicada en 1895, recurre a universos tridimensionales paralelos adyacentes dentro de la cuarta dimensión y en la visita de hiperseres. Un ángel cae de su universo celestial, que él denomina el mundo de los sueños, al nuestro, que según él mismo dice "están tan cerca como dos páginas en un libro". El ángel, consciente de la realidad tetradimensional del universo donde se halla, juega el papel de la esfera de Planilandia, mientras que los habitantes del pueblo inglés donde éste ha ido a parar son el análogo al Cuadrado del mundo de Abbott. Esta misma idea es utilizada también en su libro Hombres como dioses (1923). Hay más novelas de Wells que explo(r/t)an este concepto multidimensional, pero sería prolijo consignarlas todas.

Lewis Carroll, nada ajeno a las matemáticas, la geometría y las dimensiones, en su obra **Silvia y Bruno** (1889) introduce un dispositivo, un reloj, que permite, bajo ciertas limitaciones, viajar en el tiempo. Pero como Carroll conocía la obra de Riemann y Lobachevski, sus elucubraciones geométricas poseen complejidades ajenas a la sencillez de **Planilandia**. En su libro **A través del espejo y lo que Alicia encontró allí** (1871) utiliza la idea de «cortes» de Riemann, agujeros de gusano que conectan dos universos, que en el caso de esta historia serían el nuestro y el país de las maravillas, conectados ambos a través del espejo. Pero, además, en esta obra Carroll trabaja con el concepto de cambio de orientación que se produce al viajar a través del espejo. Antes de atravesarlo, Alicia se encuentra con su gato frente al mismo, y le comenta: «¿Te gustaría vivir en la casa del espejo, gatito? Me pregunto si te darían leche allí; pero a lo mejor la leche del espejo no es buena para beber...». En efecto, no lo era, ya que las moléculas pueden ser dextrógiras (tienen la propiedad de hacer girar el plano de la luz polarizada hacia la derecha) o levógiras (hacia la izquierda), y al pasar a través del espejo las dextrógiras se convertirían en levógiras y al revés. Otro ejemplo más evidente y visual sobre el cambio de orientación lo encontramos cuando, al cruzar al otro lado del espejo, Alicia observa que los libros de la biblioteca están escritos «del revés», como cuando los ponemos frente al espejo. Así, el poema GALIMATAZO ella lo está viendo escrito así: OZATAMILAG.

También Oscar Wilde, en su relato **El fantasma de Canterville** (1887), juega con la idea de que los fantasmas son seres que viven en la cuarta dimensión y que pueden entrar y salir a su antojo de nuestro universo: "No había tiempo que perder, luego adoptando rápidamente la cuarta dimensión del espacio como un medio para escapar, el fantasma desapareció como a través de la pared y la casa quedó en calma". Es decir, que no atraviesa la pared sino que pasa a una cuarta dimensión.

La novela **Viaje al país de la cuarta dimensión**, del francés Gastón de Pawlowski (1874-1933), sigue los pasos de H. G. Wells y se vale de la ficción sobre la cuarta dimensión para discutir sobre temas sociales. Sin embargo, aunque en esta obra se *trate el viaje en el tiempo, Pawlowski se acerca más al concepto espacial propio de Abbott y Hinton que al de H. G. Wells. Incluso Marcel Proust (1871-1922), en su magna obra **En busca del tiempo perdido**, introduce este concepto geométrico al describir una iglesia: "Era un edificio ocupando, por así decirlo, un espacio tetradimensional -siendo el Tiempo la cuarta dimensión-, extendiendo a través de los siglos su nave, de bóveda en bóveda, de capilla en capilla, parecía vencer y franquear no sólo unos cuantos metros, sino épocas sucesivas, de las que iba saliendo triunfante, ocultando las escabrosas barbaridades del siglo decimoprimero en el espesor de sus muros".*

Otro apasionado de la temática de la cuarta dimensión fue el poeta mexicano Amado Nervo, fallecido en 1919, que escribió un artículo sobre la cuarta dimensión en el que podemos leer: "Nuestra conciencia no está, como nuestros sentidos, construida según la visión del mundo de tres dimensiones, sino que, al contrario, nos descubre esa "cuarta dimensión", que no es en suma otra cosa que el complemento necesario de una comprensión total del universo entero".

*La popularidad de la cuarta dimensión también llamó la atención del escritor británico Rudyark Kipling, que empleó la expresión «cuarta dimensión» en al menos dos de sus relatos. En **Un error en la cuarta dimensión**, esta alusión se queda en el título, pues este concepto no aparece en el relato, lo contrario que en **El chico de la leña** (1895), donde se narra las aventuras que experimentan sus dos protagonistas en el mundo de los sueños, que Kipling también denomina cuarta dimensión: "Corrió desesperadamente hasta que se encontró totalmente perdido en la cuarta dimensión del mundo, sin esperanza de regresar".*

*El escritor sueco Lars Gustafsson, en su obra más célebre, **Muerte de un apicultor** (1978), menciona una característica que produce el cambio de dimensión hasta ese momento sólo prevista por Lewis Carroll: el cambio de orientación espacial. Así se expresa el protagonista: "Tengo la sensación de que durante los últimos meses he estado caminando alrededor de mi propia vida en un misterioso y fantástico laberinto, y ahora he vuelto exactamente al mismo lugar donde comencé. Pero, como me he movido fuera de las* dimensiones normales, derecha e izquierda de algún modo se han permutado. Mi mano derecha es ahora mi izquierda, mi mano izquierda, la derecha. He vuelto al mismo mundo y ahora lo veo como si fuera feliz". El escritor ruso nacionalizado estadounidense Vladimir Nabokov también juega con el cambio de orientación que se produce en el giro dimensional en la novela **¡Mira los arlequines!** (1974).

En la novela **Lilith** (1895), del escritor y poeta escocés George MacDonald, el protagonista, mediante la manipulación de espejos, crea una puerta dimensional entre nuestro universo y otro paralelo donde habitan los espíritus de los muertos. El inglés Ford Madox Ford y el británico de origen polaco Joseph Conrad escribieron **Los herederos** (1901), como denominan a unas criaturas de la cuarta dimensión que quieren apoderarse de nuestro mundo. En el relato **The Hall Bedroom** (1905), de la estadounidense Mary Wilkins Freeman, la protagonista pasa a la cuarta dimensión mirando un extraño cuadro. En la novela del escritor, también estadounidense, Francis Scott Fitzgerald, **Hermosos y malditos** (1922), se lee: "Le parecía a ella que todo en la habitación estaba tambaleándose en grotescos giros tetradimensionales a través de planos de intersección de un azul difuso".

El escritor estadounidense Ambrose Bierce, en su colectánea **Desapariciones misteriosas** (1893), relata diferentes casos de personas que son transferidas desde nuestro espacio a otro no-euclidiano donde se pierden y caen en una especie de extraños bolsillos inaccesibles para el resto de los humanos. Vamos, que puede formar parte de los amigos de la cuarta dimensión.

Jorge Luis Borges no podía faltar a la cita tetradimensional. En su relato **Tlön, Uqbar, Orbis, Tertius**, se menciona que la carta que elucida el misterio de Tlön apareció en «un libro de Hinton» (ver los párrafos dedicados a este matemático de la cuarta dimensión en este mismo apartado). También se hace referencia a este matemático (por lo visto una constante en las lecturas del escritor argentino) en el relato fantástico There are More Things, de **El libro de arena**, donde el tío del protagonista le presta a éste «los tratados de Hinton, que quiere demostrar la realidad de una cuarta dimensión del espacio, que el lector puede intuir mediante *complicados ejercicios con cubos de colores». La cuarta dimensión también se menciona en el relato Abenjacán el Bojarí, muerto en su laberinto, dentro de* **El Aleph**. *Allí se puede leer: «Opté por olvidar tus absurdidades y pensar en algo sensato. -En la teoría de los conjuntos, digamos, o en una cuarta dimensión del espacio - observó Dunraven».*

Son muchos los escritores contemporáneos que todavía siguen la estela de Abbot. Por ejemplo, en el libro de Abbott, cuando la esfera atraviesa Planilandia, Cuadrado ve secciones planas de la misma, lo que en términos bidimensionales se equiparan a sacerdotes, pues observa círculos. Pero ¿qué verían los habitantes de este universo bidimensional si un humano lo cruzase? Eso es lo que se muestra en el relato del escritor de ciencia ficción norteamericano Rudy Ruckern titulado **Mensaje encontrado en una copia de Planilandia** *(1983), cuyo protagonista cae a través de Planilandia, que resulta estar situado a una yarda del suelo en el sótano de un restaurante pakistaní. Los planilandeses sólo ven secciones planas del cuerpo del humano, en su mayor parte anillos cuya circunferencia se forma con piel y pelos, o polígonos de tela. Si atravesaran Planilandia los dedos de una mano, ellos observarían cinco pequeños discos irregulares con piel y pelos en su perímetro circular. Rudy Rucker también ha hecho otras incursiones narrativas con fundamento tetradimensional, como* **Spaceland: A Novel of the Fourth Dimension** *(Espaciolandia: una novela de la cuarta dimensión), donde el protagonista es un tal Joe Cube (José Cubo). En esta novela el personaje principal, al utilizar un aparato tomado de la oficina, abre sin querer una puerta a la cuarta dimensión, desde la cual es contactado por una mujer llamada Momo. También recurre Rucker a la cuarta dimensión en su novela* **The Sex Sphere** *(La esfera del sexo). Incluso el célebre divulgador matemático Ian Stewart no ha podido resistirse a revisitar Planilandia, a la que ha dedicado una versión anotada y hasta una secuela,* **Flatterland, Like Flatland Only More So** *(Masplanilandia, como Planilandia sólo que más). La protagonista del libro, Victoria Lane, una descendiente del Cuadrado de Abbott, hace un recorrido por conceptos más modernos, como la dimensión fractal, las dimensiones espaciales ocultas, la geometría hiperbólica, etc.*

Otros escritores conocidos de ciencia ficción que han tocado el tema de la cuarta dimensión a lo largo del siglo XX, son: Isaac Asimov, Arthur C. Clarke, H. P. Lovecraft, Frederik Pohl. Pero de entre todas las obras que hablan de la tetradimensionalidad es de destacar el relato corto **Y construyó una casa extraña**, de Robert A. Heinlein, en el cual un arquitecto construye una casa que es el despliegue en tres dimensiones de un hipercubo, y que, una vez construida, se pliega en la cuarta dimensión, atrapando al arquitecto en su interior.

Las bellas presentaciones de una teoría matemática completa son raras. Cuando se dan, poseen una profunda influencia. El **Zahlbericht** de Hilbert, el **Algebra** de Weber, el tratado sobre probabilidades de Feller, algunos volúmenes de Bourbaki, han ejercido una gran influencia sobre los matemáticos de nuestra época; uno lee estos libros con placer, aunque se los conozca de antemano. Tan excelentes trabajos divulgativos son más explotados que reconocidos por la comunidad matemática.

(Gian Carlo Rota)

Las matemáticas visitan el casino

Jugar es ir eligiendo entre lo posible.
Ganar, una buena elección.
(Jorge Wagensberg)

Todo el mundo ha soñado alguna vez con acudir a un casino y, por medio de un método infalible, burlar a la suerte (y a los *croupiers*) y ganar una gran fortuna. Y no es raro encontrarse en las noticias a tipos que, por haberlo intentado, fueron expulsados de los centros de juego llevándose sus libretas y sus aparatos de escucha. Y las películas, seguramente al servicio de los grandes casinos, fomentan esta posibilidad con el fin de atraer incautos. La banca, caballeros, siempre gana. Y no sólo la de los casinos. Pero sí es cierto, y de eso va este capítulo, que en ciertas apuestas sencillas el apostante puede ganar retirándose a tiempo. Veámoslo.

Existe una modalidad de apuesta en la que un jugador, suponiendo que se retire a tiempo y posea suficiente efectivo, puede ganar siempre. Se trata de un tipo de apuesta similar al rojo y negro de los casinos, pero un poco maquillada, para que apreciemos mejor los resultados. El juego consiste en que tú apuestas y recibes, en caso de ganar, 5 euros por cada euro apostado; si pierdes, pierdes lo puesto. Es decir, apuestas 2 euros: si ganas, la casa se queda con tus 2 euros pero te da 10 euros. Si pierdes, la casa se queda con tus 2 euros. La teoría matemática dice que si te retiras después de haber ganado una jugada, fuera ésta la primera o la número 20, siempre que se vaya duplicando la apuesta, el saldo es positivo a tu favor.

Veamos la tabla que recoge, de forma creciente, lo que acabamos de decir:

Apuesta (euros)	Pérdida acumulada	Posible ganancia en esta apuesta
1	1	4
2	3	8
4	7	16
8	15	32
16	31	64
....	....	....
2^n	$2^{n+1} - 1$	2^{n+2}

Como 2^{n+2} es mayor que la pérdida acumulada $2^{n+1} - 1$, está claro que en cualquier momento en que ganes la apuesta, si te retiras, ganas dinero. Por supuesto, si te quedas sin fondos antes de que puedas ganar una última vez, pierdes todo. Para ganar con este método se precisa tener fondos suficientes y saber retirarse después de una ganancia, factores ambos muy poco comunes.

Ahora apliquemos este modelo teórico al pedestre "rojo y negro" de los casinos tradicionales:

Apuesta	Pérdida acumulada	Posible ganancia en esta apuesta
1	1	2
2	3	4
4	7	8
8	15	16
16	31	32
....	....	....
2^n	$2^{n+1} - 1$	$2^n \times 2$

A diferencia del caso anterior, en esta modalidad que permiten los casinos, se gana menos, apenas un euro si te retiras tras ganar una apuesta. Una manera, dentro de esta variante, de hacer crecer la diferencia de las ganancias con respecto a lo apostado, sería no duplicar la apuesta tras cada pérdida, sino cuadruplicarla. El nuevo cuadro de pérdidas y ganancias sería así:

Apuesta	Pérdida acumulada	Posible ganancia en esta apuesta
1	1	2
4	5	8
16	21	32
32	53	64

....

Aquí se aprecia que, de retirarse uno después de ganar una mano, la ganancia es mayor que en el caso de simplemente duplicar la apuesta.

Abstenerse ludópatas.

La principal diferencia entre los corredores de bolsa y los casinos es que los primeros no saben que pertenecen al negocio del juego. Pero como los casinos, hacen mucho dinero.
(A. K. Dewdney)

Matemáticos y, además, excéntricos

La exactitud de una fórmula matemática o la consistencia de una ecuación no implican la coherencia de los modos de su creador. Ni porqué el número sea el amigo adicto del raciocinio impide que éste, a veces, se extravíe. Muchas veces es lo estrafalario del comportamiento del elucubrador lo que permite el hallazgo. O al menos parece que ayuda. He aquí mi particular colectánea de matemáticos excéntricos:

▶ Nada mejor que comenzar este elenco con el matemático por excelencia, con Pitágoras, fundador de una doctrina filosófica basada en los números, y que tuvo sus rarezas. Nadie le vio jamás entregarse a los placeres de la carne ni -cosa sorprendente en su profesión- darse a la bebida o a los efebos. Quizás estas peculiaridades de su personalidad expliquen por qué se convirtió en cabecilla de una secta. Los pitagóricos, como buenos sectarios, debían respetar unos ritos, ritos cuya extravagancia deja entrever la propia de su fundador: no comer gallo blanco, no romper el pan y no ingerir las migas caídas al suelo. También debían evitarse las habas, bien porque su forma recordaba al *sexo* femenino o bien porque su lado "ventoso" provocaba exceso de soplo vital. Otras prohibiciones rayaban el misterio: hablar en la oscuridad, orinar de cara al sol, atizar el fuego con un cuchillo y volver la cabeza en el momento de abandonar la patria.

El odio irracional de Pitágoras a las habas o alubias, de hacer caso a la leyenda, fue la causa de su muerte. Al parecer su casa fue incendiada por enemigos. Los hermanos de la cofradía pitagórica que se encontraban con él en aquel aciago momento salieron corriendo para salvarse. Los asaltantes fueron dándoles muerte uno por uno. Pitágoras podría haber huido si no fuera porque el destino quiso que quedase atrapado frente a un campo de judías. Allí se detuvo. Prefirió morir antes que atravesar un campo de judías, tan llena de vainas tan llenas, a su vez, de alubias. Sus perseguidores lo atraparon allí y le cortaron el cuello.

▶ G. H. Hardy, reconocido matemático inglés, renunció a llevar reloj y pluma estilográfica; tampoco utilizaba el teléfono y no soportaba los espejos. Lo primero que hacía al llegar a un hotel, era cubrir los espejos con toallas. Tímido recalcitrante, por miedo a que le dieran premios en público, falseaba los exámenes para evitar ser el primero.

Y como bajo los más fríos y claros pensamientos corren, a veces, los sentires más apasionados, entre sus prioridades en la vida, anotadas en una postal que envió a un amigo, figuraban: probar el teorema de Riemann, ser proclamado primer presidente de la URSS de Gran Bretaña y Alemania, matar a Mussolini y encontrar una prueba que, además de demostrar la inexistencia de Dios, fuera al mismo tiempo capaz de convencer a la gente corriente…

Hardy, pese a ser ateo, o precisamente por eso, consideraba a Dios su enemigo personal, alguien cuyo único fin era amargarle la vida. Así, Hardy siempre llevaba paraguas a sus partidos de cricket. Estaba seguro de que Dios trataría de chafarle la diversión.

Era el típico hombre que llamaba de usted a una prostituta.

Fuchs, Hardy y la vocación

Se dice que durante unas jornadas para científicos y matemáticos en 1937, en un bar de la ciudad donde se

> celebraba el encuentro, tuvo lugar la siguiente conversación entre el físico alemán Klaus Fuchs y el matemático G. H. Hardy.
>
> **Fuchs**: Sabes, Hardy, yo estudie hace años teoría de números, pero lo dejé por la física.
>
> **Hardy**: ¿Ah, sí? Y ¿por qué?
>
> **Fuchs**: Porque aunque yo era capaz de discernir lo que era cierto de lo que era falso, era incapaz de decidir qué resultados eran importantes.
>
> **Hardy**: Sabes, Klaus, me sorprende esto que me cuentas, porque cuando yo estudié física me ocurría lo contrario.
>
> **Fuchs**: ¿Qué te sucedía, Hardy?
>
> **Hardy**: Era incapaz de decir cuál de los resultados importantes era cierto.

► El matemático Paul Erdös, tripulante de sus números, reunía todos los clichés del sabio distraído y del genio desorganizado. Comenzó su fama como niño prodigio en Hungría. A la edad de 4 años, Paul le dijo a su madre: "Si sustraes 250 de 100, obtienes 150 bajo cero". A esa edad Erdös podía ya multiplicar cifras de tres y cuatro dígitos solo de cabeza.

Un día, en Hungría, Erdös llamó a la puerta de una zapatería, costumbre tan extraña allí como en cualquier otra parte del mundo. La empleada salió a abrir. Después de las mínimas frases de introducción, Erdös le dijo a la dependienta: "Dígame un número de cuatro cifras". La dependienta dijo: "2532". Erdös contestó: "Su cuadrado es 6.411.024" Y añadió: "Lo siento, estoy perdiendo facultades, no puedo decirle el cubo". Y sin tiempo para la réplica preguntó a la dependienta: "¿Cuántas pruebas del teorema de Pitágoras conoce?" La dependienta contestó: "Una". "Yo", dijo Erdös, "conozco treinta y siete". Y aún continuó un rato haciéndole preguntas sobre matemáticas.

Ya de adulto, se dice que sólo pensaba en matemáticas, aunque estuviera realizando cualquier otra actividad. Cada día, el mismo afán. Su productividad en este campo fue prodigiosa:

llegó a escribir más de 700 artículos especializados. Tal era su peculiar manía de pensar en matemáticas que, cuando entraba en una habitación, su primera observación era del tipo: "Cuatro paredes dividido por dos ventanas..." Sus cartas empezaban normalmente con un: "Supongamos que x es...". También poseía un peculiar lenguaje erdösiano: Los niños eran "épsilon", dar clases era "predicar", el matrimonio una "captura" y Dios era FS (fascista supremo). Las matemáticas eran su monotema. En su época se decía de alguien que no era un verdadero matemático si no conocía a Paul Erdös. Erdös era el hilo que conducía de un matemático a otro.

Sin domicilio propio, Erdös vivía en casa de amigos o colegas de las ciudades donde se le invitaba a dar conferencias. Otra de sus manías era la obsesión con los gérmenes, de ahí que no parase de lavarse las manos. Lo curioso era que no se secaba con toallas, de las que no se fiaba, sino que lo hacía sacudiéndose las manos en el aire, dejando los cuartos de baño que utilizaba hechos un asco.

A comienzos de los años 1970, Erdös comenzó poniendo delante de su nombre las iniciales P.G.O.M., que significaba "Poor Great Old Man" (Pobre gran hombre viejo). A los 60 años, el prefijo pasó a ser P.G.O.M.L.D., donde el añadido L.D. quería decir "muerto viviente" (Living Dead). Cuando cumplió 65 años, escribía delante de su nombre P.G.O.M.L.D.A.D., donde el añadido AD significaba "Archeological Discovery" (Descubrimiento arqueológico). A los setenta años el prefijo creció hasta P.G.O.M.L.D.A.D.L.D., donde LD estaba por "Legally Dead" (oficialmente muerto). A los 75 años, Erdös era P.G.O.M.L.D.A.D.L.D.C.D., donde el añadido CD significaba "Counts Dead" (cuenta por muerto).

Erdös es una mina de anécdotas, la mayoría de las cuales vendría a confirmar su excentricidad. Algunas ya las hemos visto esparcidas a lo largo de las curiosidades, pero faltan algunas, como éstas:
• Erdös, cuando todavía residía en Hungría, era un tenaz izquierdista. Pero estaba tan imbuido por las matemáticas que

no podía evitar mezclar su actividad política con su amada disciplina. Como ejemplo, así dio Erdös la noticia de que uno de los suyos había sido apresado por la policía: "A. L. está estudiando el teorema de Jordan". Eso quería decir que debido a una redada, A. L. estaba ahora verificando que el interior de la celda de una prisión no comparte componente de conexión con el exterior de la misma celda. Un amigo de Erdös de aquella época confesó que fue así como se enteró del teorema de la curva de Jordan.

• Una tarde estaba Erdös en una fiesta, gozando de la compañía de muchos epsilons (como denominaba a los niños) cuando de repente se reclinó sobre una columna y se tornó serio y apesadumbrado. Un amigo le preguntó qué le ocurría y Erdös contestó: "Uno de mis teoremas acaba de morir".

• Erdös tenía la costumbre de telefonear a sus amigos matemáticos a cualquier hora del día, sin importarle los husos horarios, para hablar de matemáticas. Se sabía de memoria todos los números de teléfono de sus conocidos, pero no ocurría lo mismo con los nombres propios. A la única persona que llamaba por su nombre de pila era a Tom Trotter. Le llamaba Bill.

• Cierta vez unos matemáticos amigos llevaron a Erdös a comer. Erdös pidió un refresco de frutas para beber, que le fue servido, como era habitual, con una pajita inserta en el frasco y un papel cubriendo la parte final de la pajita. Erdös dio un espectáculo tratando de beber el líquido a través del papelito que cubría el extremo de la pajita. Al final de la comida la camarera pregunto si queríamos café. Todo el mundo dijo que sí salvo Erdös, que dijo: "Tengo algo mucho mejor que el café", y sacó su frasco de benzedrina.

▶ Theodore Kaczynski, más conocido por "Unabomber", nació en 1942 en Chicago. Matemático de profesión, después de escribir importantes trabajos sobre las propiedades de los círculos y las funciones de contornos, se retiró a una cabaña en un paraje agreste. Kaczynski, como la luna, tenía un reverso triste, un sector oscuro donde moraba el pensamiento de la luz sin hombres. Desde su retiro boscoso, se dedicó a enviar paquetes bomba a distintas personalidades académicas y antiguos profesores.

Kaczynski tenía la manía de balancearse, así como un miedo patológico a la infección por gérmenes y una preocupación malsana por su salud. Está acusado de matar a tres personas y herir a otras veintidós. Los psicólogos que le han tratado informan que carece de cualquier grado de empatía. Todo predecía su deriva hacia los escollos de la sinrazón.

▶ El matemático meteorólogo Lewis Fry Richardson, que participó en la Primera Guerra Mundial como ambulanciero (era cuáquero y su religión le prohibía tomar las armas), se enfrascó durante la última parte de su vida en una investigación matemática sobre las causas de la guerra. Sus trabajos se publicaron póstumamente en dos volúmenes separados: *Armas e inseguridad* (Arms and Insecurity), un análisis de la carrera armamentística, y *Estadísticas de las contiendas mortales* (Statistics of Deadly Quarrels), que documenta cada categoría conocida de conflicto violento, desde el simple asesinato doméstico al bombardeo estratégico de ciudades o países, todos dispuestos de forma cronológica y ordenados de acuerdo a una escala de magnitud basada en el logaritmo del número de víctimas mortales. Buscaba la llave que franquea los recintos oscuros de la beligerancia humana.

▶ El 15 de julio de 1867 la Academia Francesa de Ciencias celebró una sesión ordinaria que devino extraordinaria cuando uno de sus miembros más distinguidos, el matemático Michel Chasles, presentó a los asistentes, con ostentosa satisfacción, unas cartas enviadas por Pascal a Newton cuando éste tenía doce años, y en las cuales el pensador francés explicaba al muchacho inglés las leyes de la gravedad; iban anexas unas notas de la madre de Newton donde ésta agradecía a Pascal que se mostrara tan amable enseñando a su hijo. Se alzaron voces de protesta. ¿Cómo era posible que Pascal se hubiera dedicado a estudiar ese problema en secreto y, lo que era más improbable, hubiera tenido interés en explicárselo a un niño extranjero de doce años? Chasles se mantuvo impertérrito. Para reforzar su postura, presentó además unas cartas de Galileo a Pascal en las que el italiano explicaba sus teorías sobre la gravitación. Chasles rehusó durante un tiempo revelar de dónde provenía tan singular correspondencia, pero al cabo mostró su colección entera de epístolas, con la cándida esperanza de que unas piezas respaldasen a las otras. ¡Y qué piezas, cielo santo!   Chasles sacó a la luz, como teorías penitentes, diez cartas de Platón, otras tantas de Séneca, seis de Alejandro Magno, veintisiete de Shakespeare, una de Cleopatra a Julio César y, como guinda, una epístola de María Magdalena a Lázaro resucitado donde le daba noticias de la Virgen María y de san Pedro, a la vez que le informaba que ella se había ido a vivir a las Galias, porque dicha tierra prometía ser la difusora mundial de la cultura. Algún espíritu quisquilloso se asombró de que todos esos personajes escribiesen en francés, pero al chovinista Chasles, por manía, ignorancia o atolondre, no le hizo mella semejante objeción. Vivió en su error alegre, alegre en su desvarío; su júbilo no conoció el desierto.

Leopoldo Hugo, primo de Víctor Hugo, en 1877 publicó el libro titulado: "Teoría hugodecimal o los fundamentos científicos y definitivos para una aritmeticología universal que contenga... geometría panimaginaria en l/m dimensiones, aritmética en cifras l/m, un Decreto Presidencial Ecuménico relativo al fundamento hugodefinitivo de notación decimal". ¿Para qué añadir más?

▶ Girolamo Cardano, médico y matemático milanés, había predicho por cálculos astrológicos el día de su muerte y, para demostrar la exactitud de su predicción, se dejó morir de hambre al acercarse el día señalado. No es de extrañar que muchos crean que el pronosticar es una forma leve de demencia.

Este matemático ("no muy honesto, un poco astrólogo y charlatán y otro poco ateo y soplón" según la *Histoire des sciences mathématiques*, de Maximilien Marie), tuvo una visa azarosa. Por ejemplo, fue encarcelado por haber hecho el horóscopo de Jesucristo. Salió un año después bajo palabra de no volver a dar lecciones públicas en ninguno de los Estados pontificios. Marchó a Roma, donde ejerció la astrología con tanto éxito que llegó a ser el astrólogo más renombrado de su época.

Además de astrólogo era un hombre muy pagado de sí mismo. En *De vita propia* se define con estas palabras: "He recibido de la Naturaleza un espíritu filosófico e inclinado a la Ciencia. Soy ingenioso, amable, elegante, voluptuoso, alegre, piadoso, amigo de la verdad, apasionado por la meditación, y estoy dotado de talento inventiva y lleno de doctrina. Me entusiasman los conocimientos médicos y adoro lo maravilloso. Astuto, investigador y satírico, cultivo las artes ocultas. Sobrio, laborioso, aplicado, detractor de la religión, vengativo, envidioso, triste, pérfido y mago, sufro mil contrariedades. Lascivo, misántropo, dotado de facultades adivinatorias, celoso, calumniador e inconstante, contemplo el contraste entre mi naturaleza y mis costumbres".

Como puede inferirse de sus palabras, y se desprenden de los hechos biográficos, Cardano era un excéntrico en grado sumo. Ególatra, no pensaba más que en sí mismo y no tenía otra preocupación que su propia persona, hasta el extremo de que al día de su nacimiento le daba importancia capital en la historia de la humanidad.

Sus taras patológicas las heredaron sus hijos, el mayor de los cuales fue ajusticiado en 1560 por haber envenenado a su mujer, y el más pequeño cometió tales fechorías que el propio Cardano no se atrevió a divulgar y que le condujeron a la cárcel, no sin que antes su padre le cortara las orejas en un acceso de cólera, acto criminal que no fue castigado gracias a la protección de Gregorio XIII, en cuya corte Cardano prestaba servicios como astrólogo.

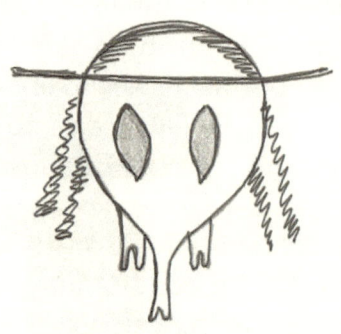

▶ Alonzo Church, matemático de la época dorada de Princeton, experto en lógica aplicada, nunca hacía comentarios fuera de lugar, pues entendía que no pertenecían al bagaje de la lógica formal. Por ejemplo, jamás decía: "Está lloviendo". Dicha frase, tomada aisladamente, no tenía sentido para él. El que en ese momento lloviera o no, no tenía importancia, lo que importaba era la consistencia. Él hubiera dicho: "Debo posponer mi partida hacia la calle Nassau (lugar donde residía)

debido a que llueve, circunstancia que puedo verificar mirando por la ventana".

Sus lecciones comenzaban con diez minutos de un ritual que él consideraba necesario: Limpiar la pizarra hasta que ésta estuviera inmaculada. Y ello a pesar de que el profesor anterior, que conocía su manía, se hubiera tomado la molestia de borrársela. Le daba lo mismo. La ceremonia jamás se saltaba. Una unanimidad en la obsesión que requería agua, jabón y cepillo y a la que seguía otros diez minutos de completo silencio hasta que la pizarra se secaba.

▶ Al igual que Alonzo Church, William Feller vivió, como matemático, la época dorada de Princeton. Feller, que en sus clases gustaba hablar *ex trípod*e, se sentía ultrajado cuando alguien le interrumpía para indicarle un error en la exposición o planteamiento. Se ponía rojo de ira, elevaba la voz hasta el grito. En una ocasión incluso expulsó de la clase al objetor. Esa actitud dio lugar a la expresión "prueba por intimidación" para referirse a sus demostraciones. Feller parecía tener algo de impostor. Durante sus clases, el alumno parecía participar de un secreto privado, impresión que se desvanecía como por arte de magia cuando William Feller, aparentemente agotado de tener razón, abandonaba la clase.

Es curiosa la anécdota que se cuenta de él, Cierta vez Feller y su mujer trataban de desplazar una enorme mesa circular del salón al comedor. Por más que empujaban y ensayaban ángulos, la mesa no pasaba. Frustrado y cansado, Feller se sentó, tomó lápiz y papel y creó un modelo matemático del problema. Después de varios minutos de cálculo probó que lo que intentaban hacer era imposible. Pero mientras estaba imbuido en sus cálculos, su mujer, tenaz, continuó luchando con la mesa y consiguió meterla en el comedor.

▶ Emile Artin, también matemático, también profesor en Princeton, solía vestir con una gabardina de cuero negro, semejante al uniforme de piloto de la Luftwaffe. Debido a su costumbre de caminar erguido, como vástago de esclarecidos linajes, su parecido con un oficial nazi era sorprendente. También solía llevar sandalias incluso en invierno.

▶ El célebre matemático de origen polaco Stanislaw Ulam era proverbialmente perezoso. En los años 1930, en Cambridge, solía tomar un taxi hasta Harvard cada vez que pasaba la noche en Boston, para evitar las molestias de un viaje en metro (sacar billetes, pasar por torniquetes, buscar la línea, esperar el tren, etcétera.) Cierta vez que cruzaba en taxi el puente de Longfellow, vio al rector de la universidad que iba a trabajar en autobús, agarrado a un pasador de techo en un vehículo abarrotado, y se abochornó.

Una vez, en los años 1960, el matemático Gian Carlo Rota, de quien tomo la anécdota, lo encontró tendido longilíneo en un sofá en su casa de Santa Fe con el periódico del día bajo su cuerpo. Para no hacer el esfuerzo de levantarse y tomar el diario, lo iba arrancando por trozos, los leía y los tiraba al suelo.

Siguiendo con lo proverbial perezoso de Ulam, existe un lugar en la senda que conduce desde Los Álamos a las montañas que se llama "La pista de Ulam", porque es lo más lejos que logró llegar en las excursiones antes de volverse atrás. La mayoría de las veces se conformaba con vigilar con binoculares a los excursionistas desde el porche de su casa, con un gintonic a mano y amigos con quienes conversar.

Ulam, no obstante, tornaba su pereza en reto, pues la usaba para ir al fondo de las cosas con un mínimo de explicación matemática. Era sabido que después de arrojar alguna gema a quien le escuchase, pasaba a otro asunto, dejando el desarrollo de la cuestión precedente a sus oyentes.

Le hubiera gustado ser recordado por esas intuiciones que encontraron aplicación práctica, como el Método de Montecarlo, donde comparte el mérito con John von Neumann y Nick Metropolis, o la Bomba H, donde el mérito lo comparte con Edward Teller. Sin embargo, su fama subsistirá, de creer a Gian Carlo Rota, gracias a sus dos libros de problemas de matemáticas, que durante mucho tiempo seguirán siendo libros de cabecera de los jóvenes matemáticos, ansiosos de lograr la hazaña de al menos resolver uno de ellos.

> Hemos heredado del siglo XIX el prejuicio de que los matemáticos deben hacer su trabajo mucho antes de que se agoten. Un matemático viejo trabajará en cuestiones de horizonte más amplio, mientras que uno joven puede dedicarse en exclusiva a un solo problema.
> (Gian Carlo Rota)

▶ El ruso Grigori Perelman (Leningrado, 1966) logró resolver la Conjetura de Poincaré, un problema propuesto en 1904 y que se había resistió el asedio de los matemáticos durante casi un siglo. Perelman es un genio de las matemáticas que gusta cubrirse de una extrema austeridad personal. Pero su ego le juega a veces malas pasadas. En una ocasión se negó a entregar un currículum porque juzgaba que su trabajo ya era suficientemente conocido. En 2006 rechazó la medalla Fields, el Nobel de las matemáticas, además de otros galardones y cargos de prestigio en universidades de Estados Unidos. En la actualidad vive con su madre en un humilde piso en San Petersburgo y ha dejado su puesto en el Instituto Steklov. Según algunas fuentes, este genio eremita, habría abandonado las matemáticas.

▶ En el elenco de científicos que han destacado por sus manías, pocos lo han llevado tan lejos como Kurt Gödel (Brno, 1906-Princeton, 1978). Nacido en la antigua Austria-Hungría, trabajó en Viena y viajó a los Estados huyendo de la Alemania nazi y se estableció en la Universidad de Princeton, donde se hizo amigo de Einstein. Sus trabajos en teoría de conjuntos y lógica influyeron en matemáticos y filósofos.

Gödel era dado a sufrir crisis emocionales que desgastaban sus nervios. Algunos opinan que estas crisis se originaron cuando su padre se opuso a que el matemático se casase con una bailarina de cabaret. También era hipocondríaco. También tenía problemas para enfrentarse con los acontecimientos cotidianos. En Princeton tenía un círculo muy pequeño de amigos, siendo el más próximo Albert Eistein, y no deseaba ampliarlo. Le molestaba ser el centro de atención y evitaba las controversias. Recurría a extremos inusuales para evitar a la gente. Por ejemplo, si alguien a quien no quería ver le llamaba para concertar una cita, en vez de declinar la entrevista decía que sí y luego no se presentaba. Su lógica era que así evitaba a ese individuo hasta el día del supuesto encuentro. Sobre esta manía, que extendía a no dar la mano ni otras muestras de afecto que conllevaran contacto, la más curiosa era que en las recepciones sociales a las que acudía (las menos), se le podía ver realizando una extraña danza entre los invitados, danza destinada a evitar tocar a ninguno de ellos.

Su paranoia, creciente, le llevó a no querer revelar sus pensamientos a nadie. Su exacerbo con la lógica de las cosas le llevó, cierta vez que tuvo que rellenar un cuestionario burocrático y advertir que las preguntas no seguían una lógica limpia, a, en vez de contestar sí o no a las preguntas, escribir para cada una de ellas un ensayo de lógica del tipo: "Si la pregunta quería decir A, entonces la respuesta era X, pero si quería decir B, entonces…" Tal era su manía con la lógica que cuando se hizo ciudadano estadounidense y tuvo que leerse la Constitución de Estados Unidos para pasar un pequeño examen, Gödel se convenció de que había encontrado en el texto una inconsistencia lógica que permitía la posibilidad de elegir un dictador y no un presidente. Gödel se sintió irritado, pues había llegado a América huyendo de tiranos como Hitler o Stalin. Durante su examen oral para adquirir la citada nacionalidad, Einstein (uno de los avalistas junto con el matemático Oskar Morgenstern) tuvo que disuadirle con constantes interrupciones para evitar que compartiera su descubrimiento con los examinadores.

Gödel era fóbico e hipocondriaco. Tuvo que ser internado, como ya hemos dicho, varias veces en instituciones psiquiátricas por depresión y agotamiento. En sus últimos años no comía nada que no hubiese catado su mujer, Adele, por miedo a ser envenenado. Cuando ella no pudo hacerlo por ingresar en un hospital, Gödel dejó de comer. En el momento de su muerte, por inanición, pesaba 30 kilos.

▶ El matemático inglés John E. Littlewood tenía rasgos de excentricidad que contrastaban con su pulido saber estar británico. El matemático D. C. Spencer cuanta que, cuando era alumno en Cambridge, un día que pasaba por el patio vio a un joven trajeado, en chaleco y con las mangas de la camisa enrolladas hasta el codo, escalando una pared del edificio. Spencer, como en un rapto, tiró los libros al suelo y subió por la pared en persecución del tipo. Los dos se juntaron en el tejado, se dieron la mano y bajaron a tomar una cerveza. Resultó que el primer escalador era John Edensor Littlewood, profesor del centro. Spencer hizo la tesis con él.

Littlewood solía fumarse 16 pipas y 4 cigarros al día. Pero una vez un amigo suyo tuvo que renunciar a fumar durante 4 o cinco semanas debido a una gripe y durante ese tiempo comprobó que era capaz de realizar un trabajo matemático en un tercio del tiempo anterior. Enterado de ello, Littlewood se esforzó por dejar el tabaco y lo logró. Y efectivamente comprobó que trabajaba más eficientemente sin ese hábito.

Littlewood era un hombre de hábitos y manías. Una de esas costumbres maniáticas, adquirido del matemático ruso Besicovitch, era beberse cada tarde un vaso de vodka diluido en agua. Littlewood sólo escuchaba música de Bach, Beethoven o Mozart. Consideraba la vida demasiado corta para malgastarla con otros compositores. Solía decir que uno no podía hacer matemáticas hasta varias horas después de comer, porque la sangre no podía estar en dos lugares a la vez.

En 1952 Littlewood soñó que se encontraba en una fiesta y al mirarse en un espejo vio que tenía un halo sobre su cabeza. Su primera reacción fue pensar que no merecía semejante honor, pero que quién era el para cuestionar a las autoridades celestiales.

▶ El matemático húngaro Paul Halmos, un tipo de lo más gregario, cuando acudía a los congresos de matemáticas solía dirigirse a cualquiera que se topase, de esta manera: "Hola, soy Paul Halmos, ¿Quién eres tú?" En uno de estos encuentros se lo dijo a Ken Hoffman, y al cabo de media hora se lo volvió a repetir. Hoffman encontró esta segunda salutación irritante y decidió contraatacar. En esas, vio a Halmos y se acercó a él y le dijo: "Hola, soy Ken Hoffman. ¿Quién eres tú?" Años más tarde, Halmos fue invitado a dar una charla en el MIT (donde trabajaba Hoffman). En el momento en que Hoffman entró en la sala donde se encontraba Halmos y otros matemáticos,

Halmos le reconoció y se dirigió a él: "Hola, tu eres Ken Hoffman. ¿Quién soy yo?"

Halmos tenía pasión por el lenguaje. Escribió un libro titulado *Cómo escribir matemáticas*, libro que tuvo una gran influencia entre sus colegas. Cierta vez, considerando la conveniencia o inconveniencia de acabar una frase con una preposición, lo hizo con cinco preposiciones al final. La frase era: "What did you want to bring that book that I didn't want to be read to out of up for?" (Difícil de traducir. Lo dejo en inglés).

Uno de los logros que más orgullecían a Paul Halmos era haber escrito el gran tratado americano de teoría de medidas. La tarde que terminó el manuscrito fue a una pequeña fiesta. Orgullosamente comunicó a los asistentes que acababa de escribir la última palabra en teoría de medidas. Uno de los invitados, un poco tiquismiquis, dijo: "¿Y cuál es la última palabra?" Como Halmos no lo recordase, corrió a su oficina para comprobarlo, volvió y anunció: "La última palabra es x".

A Paul Halmos, como emigrante del Este de Europa, le gustaba referir anécdotas sobre la mentalidad del otro lado del telón de acero. Decía, entre otras cosas, que en aquellos días, en Rusia, si sabías leer y escribir se te consideraba inteligente. Si sabias escribir o leer pero no ambas cosas a la vez, entonces tenías la consideración de especialista. En Hungría, los policías patrullaban de dos en dos: uno que podía leer y otro que podía escribir. En Rumanía, sin embargo, patrullaban de tres en tres: uno que sabía leer, otro que sabía escribir y otro que vigilaba a estos poco fiables miembros de la *Intelligensia*.

▶ Norbert Wiener, quien rescató el término *cibernética* dándole su actual significado, era el típico matemático despistado. En cierta ocasión su familia se mudó a un pueblo cercano. Su esposa, conociéndole, decidió mandarle al MIT (Massachussets Institute of Technology) como todos los días, mientras ella se encargaba de la mudanza. Tras haberle repetido cientos de veces (quizás más) que se mudaban tal día, el mismo día del traslado, la mujer le entregó una hoja de papel con la nueva dirección, porque estaba segura de que se iba a olvidar. Casualmente, Wiener usó ese papel para resolver por la otra cara una duda a un estudiante. Cuando volvió por la tarde a su casa, por supuesto, se olvidó de que se habían mudado. Su primera reacción al llegar a su antigua vivienda y verla vacía fue la de pensar que les habían robado; entonces se acordó del traslado. Como tampoco recordara a dónde se habían mudado y no tenía el papel, tornó a la calle bastante preocupado. En esto vio a una chica que se acercaba. Wiener se dirigió a ella y le dijo:

- Perdone, señorita, yo vivía antes aquí y no consigo recordar...

- No te preocupes, papá, mamá me ha enviado a buscarte.

(Hay que decir, como posible disculpa, que era de noche y no se veía bien.)

Otras anécdotas subrayan este carácter despistado de Wiener, que rayaba en la patología:

• Norbert Wiener era una celebridad en el MIT (Massachusset Institute of Technology), y los alumnos le temían reverencialmente. Una vez uno de sus alumnos se lo encontró en Correos y, a pesar de las ganas que tenía de conocerlo y estrechar su mano, no se atrevía. ¿Cómo abordarlo sin parecer un pelota o un entrometido? Para empeorar la situación, Wiener no paraba de ir de un lado a otro con aspecto meditabundo. Con miedo de interrumpir los profundos pensamientos del matemático, el chico se armó de valor y se aproximó a él: "Buenos días, profesor Wiener". El profesor levantó la vista, se golpeó la frente con la palma de la mano y dijo: "¡Wiener!, esaces la palabra".

• En otra ocasion, caminaba Wiener por el campus del MIT cuando alguien le paró y le preguntó una cuestión sobre análisis de Fourier. Wiener sacó un trozo de papel y escribió en él, con detalle, la respuesta. El interlocutor, agradecido, le dio las gracias y se dispuso a marcharse. "Un momento", le dijo Wiener, "¿en qué dirección iba cuando me interrumpiste?" El hombre le señaló la dirección y Wiener dijo: "Bien, entonces ya he comido".

• Además de despistado Wiener era corto de vista. Un día, en la Alemania de los años 1920's, caminando por la calle casi chocó con un individuo, al que obligó a bajarse de la acera para evitarlo. El hombre resultó ser un militar alemán orgulloso, que entregó a Wiener su tarjeta de visita y le retó a duelo. Su padrino visitaría a Wiener, eso dijo, en su momento. Wiener se quedó preocupado y consultó con un amigo alemán, que se nombró padrino de Wiener y le dijo que lo dejara todo en sus manos. Este amigo fue a visitar al militar y le dijo que, puesto que Wiener era el desafiado, tenía derecho a elegir arma. Y le informó que su apadrinado elegía armas de su tierra natal: tomahawk, hacha y tres pasos de distancia. El reto a duelo fue retirado.

• Según consta en unos registros del FBI, se ha sabido que Norbert Wiener era considerado, tanto por el FBI como por el MIT, una persona "emocionalmente inestable". En otro registro gubernamental se le tilda de "inofensivo", y se cuenta que cierta vez que acudió en su coche a una conferencia en Pittsburgh, se olvidó de que tenía coche y se volvió a Boston en tren. Al no encontrar su coche en casa, informó de su robo a la policía.

> Norbert Wiener una vez anunció que le gustaría escribir un poema a una chica de Walla Walla que fue a Pago Pago a bailar el Hula Hula. Pero terminó en Baden Baden con su cuchi cuchi bailando cha cha chá (añadido mío).

▶ Henry Mann es un matemático conocido por aplicar un sentido de lógica propicia a sus intereses en cualquier situación. En una de estas ocasiones, Mann condujo en su coche a un grupo de colegas a una reunión científica en Cincinnati. Desconocedor de las calles de la ciudad, Mann se perdió por completo. Sus colegas, aunque inquietos, permanecieron callados hasta que se dieron cuenta de que se habían metido por una calle en dirección prohibida. Advertido a gritos, Mann rechazó que esa calle fuera de sentido único, pues podía ver claramente que su coche iba en una dirección y muchos otros venían hacia ellos en dirección contraria. Lógica aplastante. Y lo aplastante puede tomarse en varios sentidos.

▶ El matemático polaco Mark Kac emigró a los Estados Unidos e intentó dominar el, para él, inexplicable lenguaje inglés. Especialmente dificultosas eran las palabras que, aunque tenían la misma terminación, se pronunciaban de forma diferente. Por ejemplo, la terminación "ow" podía pronunciarse *ou*, como *grow* o *know*, o bien *au*, como *cow* o *how*. Por supuesto, la palabra *bow*, con las dos pronunciaciones diferentes (*bou* y *bau*), entrañaba lo peor de las dos dificultades. Fuera como fuere, el profesor Kac, al esforzarse en resolver este problema, constató que la palabra *snowplow* (quitanieves) era doblemente extraña, ya que la misma "ow" se pronunciaba de dos maneras diferentes *dentro de la misma palabra (snouplau)*. Consciente de esta particularidad, extremaba tanto su pronunciación que siempre le salía cambiada, de modo que en vez de rimar *snowplow* con *growcow*, lo rimó con *cow-grow*. Ouh, ouh, ouh…

Un buen día el matemático Kakutani caminaba por la Universidad de Yale cuando un alumno se le acercó y le dijo: "Profesor Kakutani, ¿puedo acudir a su oficina a la 4:00 esta tarde? Kakutani respondió: "Sí", y comenzó a alejarse. Entonces el estudiante le gritó: "¿Y estará usted allí, profesor?". Y Kakutani contestó: "No".

▶ David Hilbert pasa por ser uno de los matemáticos más despistados que hayan existido (exceptuando a Norbert Wiener, como ya hemos mostrado). Una vez, un joven profesor recién llegado a la Universidad de Gotinga, allá por los comienzos del siglo XX, quiso presentar sus respetos visitando en su casa al estimado matemático David Hilbert. Vestido con su mejor traje, llamó a la puerta y fue invitado a pasar para una presentación rutinaria. El joven se quitó el sombrero, tomó asiento y comenzó a charlar. Rápidamente la charla de bienvenida dio paso a un problema matemático y la conversación se abismó en profundidades matemáticas. Tras un tiempo razonable, Hilbert decidió que había tenido bastante, se levantó, tomó el sombrero del joven visitante, educadamente dijo adiós y se fue. Puede uno imaginarse la reacción del visitante, sentado solo en la sala de estar del profesor.

Otra anécdota del despiste de David Hilbert sucedió un día que él y su mujer dieron una fiesta. En un momento de la celebración, Hilbert se manchó la corbata y su mujer le dijo que subiera arriba a cambiarse. Como pasara el tiempo y Hilbert no regresara a la fiesta, su mujer fue a buscarle y se lo encontró metido en la cama y dormido. Lo que ocurrió fue que el matemático, al quitarse la corbata, mecánicamente siguió desvistiéndose; luego se puso el pijama y se acostó.

En otra ocasión Hilbert asistió al entierro de un estudiante que murió trágicamente a temprana edad. Se le pidió que dijera unas palabras. Hilbert comenzó alabando las cualidades del joven y que se perdía una gran promesa en el campo de las matemáticas. De hecho, aclaró, estaba trabajando en un problema muy interesante: "Sea E > 0,... "Y Hilbert continuó dando una clase magistral de matemáticas.

Si me despertase después de un sueño de mil años, mi primera pregunta sería: ¿Se ha probado ya la hipótesis de Riemann?

Un día David Hilbert notó que un estudiante de su clase no atendía como antes. Inquirió sobre el particular y le dijeron que el muchacho había decidido dejar las matemáticas para dedicarse a la poesía. Al oírlo, Hilbert comentó: "Vaya, el pobre carece de la suficiente imaginación para ser matemático".

▶ Evaristo Galois fue un matemático muy especial. A los doce años, discutía violentamente sobre política, interesándose por la situación social de Francia. Sus frases, belicosas y zaheridoras, salían como saetas de sus labios pueriles. Cuando no hablaba de política, tema que lo volvía agresivo, era un adolescente dulce y soñador. Galois inspiraba a sus profesores y condiscípulos una mezcla de temor y cólera. Suave y violento, dulce y agresivo a un mismo tiempo, aquel muchacho de doce años era la encarnación de una paradoja viva. Al trasladar al Liceo las luchas políticas de la calle y capitanear un grupo de revoltosos, fue expulsado del Liceo. Al año siguiente, cuando intentó ingresar en la Politécnica, discutió con el tribunal examinador en tonos acres, calificó de estúpida una pregunta sobre la teoría aritmética de logaritmos, negándose a contestarla, y como uno de los profesores le hiciera observar su mala educación, Galois le tiró a la cabeza el cepillo de borrar la pizarra y se marchó furioso, calificando al tribunal de ganapanes de la enseñanza.

Provocado por enemigos políticos, con veinte años aceptó un duelo a pistola. La distancia: veinticinco pasos. El disparo de su adversario le dio en el vientre. Lo dejaron allí tendido. Un campesino que casualmente pasó por allí avisó a un hospital, a donde fue trasladado con premura. Viendo los médicos que no podían hacer nada, le aconsejaron que recibiera los auxilios espirituales. Galois se negó. Su hermano, único familiar que fue avisado, llegó con lágrimas en los ojos, y Galois le dijo con gran entereza: "No llores, que me emocionas.

Necesito conservar todo mi valor para morir a los veinte años". Y con veinte años murió. Fue al día siguiente, el 31 de mayo de 1832, de peritonitis. Fue enterrado en la fosa común del cementerio del Sur. Sus restos se han perdido, pero no sus aportaciones matemáticas.

▶ William Rowan Hamilton nació en Dublín el 3 de agosto de 1805. Cuando tenía tres años, su padre, que era abogado, lo envió con su hermano James, pastor del pueblecito de Trim, a treinta kilómetros de la capital de Irlanda, para que aprendiera lenguas orientales. Tal era su capacidad para las lenguas que a los cinco años traducía del latín, griego y hebreo; a los ocho sabía francés e italiano y cantaba en hexámetros latinos las bellezas del paisaje de Irlanda. A los diez años conocía el árabe y el persa. James Hamilton, asombrado por tales progresos, escribió a su hermano el abogado: "Tu hijo no puede saciar su sed de aprender lenguas orientales. Las sabe casi todas, incluso dialectos de poca monta. El conocimiento del hebreo, persa y árabe lo va a completar con el del sánscrito. Ha aprendido ya los elementos del caldeo y del siríaco, del indostánico y de los idiomas que hablan los países malayos y otros, y va a comenzar el chino; pero aquí es difícil procurarse libros apropiados y cuesta caro traerlos de Londres. Sin embargo, haré un sacrificio porque tengo la seguridad de que es la mejor colocación que puedo dar al dinero."

No había cumplido los catorce años cuando Hamilton escribió un poema en persa dando la bienvenida al embajador del sha, que visitaba Dublín. El encopetado personaje hizo llevar a su presencia al autor de los versos y quedó maravillado al encontrarse con que era un niño.

Además de saber tan enorme cantidad de idiomas, sabía con igual maestría esgrima y natación y era de carácter tan irascible que a un condiscípulo que le llamó mentiroso lo desafió a muerte, pero los padrinos arreglaron la cosa y no pasó nada. Hamilton tenía entonces quince años escasos.

Por aquellos días paró en Trim un famoso calculista norteamericano: Zerath Colburn, que influyó en la futura orientación de Hamilton. Tras charlas con el calculista, que le descubrió trucos matemáticos, Hamilton se convenció de que la lingüística no servía para nada. Colburn poseía una memoria monstruosa. En una ocasión un espectador le preguntó si el número 4294967297 era primo, y el calculador contestó instantáneamente y sin vacilar, que no, porque era divisible por 641, lo cual demostró.

Hay una carta de Hamilton a su primo Arturo en la que reconoce que Colburn le convenció de la inutilidad lingüística y entonces pensó dedicarse a la Matemática, lo que hizo con la misma intensidad con que se había entregado al estudio de los idiomas, pues a los diecisiete años sabía cálculo integral y a los dieciocho ingresaba en el Trinity College de Cambridge con el número uno en una promoción de cien candidatos. Advirtamos que Hamilton se preparó solo.

La aportación más importante de Hamilton a las matemáticas se refiere a la estructura de los cuaternios (o cuaterniones), cuya inspiración le vino como un relámpago mientras cruzaba con su mujer un puente de Dublín.

▶ Alexander Grothendieck, matemático apátrida nacido en Berlín en 1928 y ganador de la medalla Fields, era un personaje de lo más excéntrico. Cierta vez que se le preguntó una cuestión matemática, contesto: "O es obvio o es falso".

En otra ocasión durante una conferencia de 50 minutos, estuvo haciendo reducciones tras reducciones para probar un teorema. Al final alzó la vista y dijo: "¿A quién quiero engañar? Esto es falso".

En 1988 rechazó el premio Crafoord alegando nepotismo científico, deshonestidad y exceso de politiqueo. También puntualizó que no necesitaba dinero para vivir. Después de retirarse, Grothendieck se mudó a un lugar remoto del mundo y nadie conoce su paradero.

> El matemático Nelson Dunford odiaba los puntos y comas y los prohibió en su libro *Operadores lineales*. Cada vez que se topaba con un punto y coma se ponía rojo de ira. Los estudiantes que realizaban la labor de escribirlo estaban aterrorizados de que se les pudiera escapar un punto y coma sin darse cuenta.

▶ Jean Baptiste Fourier (1768-1830) fue un gran friolero. En casa llevaba siempre muchas capas de ropa y tenía encendida la chimenea. Cuando alguien le iba a visitar no podía aguantar el calor y se lo reprochaban, pero él decía que había estudiado intensamente las propiedades del calor y que éste era buenísimo para la salud. En la calle, Fourier solía llevar muchos sombreros para proteger la cabeza del frío. Fourier estudió en profundidad, efectivamente, las propiedades del calor, mostrando las matemáticas que lo regulaban. Concluyó que cualquier función o gráfico podía ser descrita por una serie de funciones trigonométricas. Hoy, las series de Fourier y la integral de Fourier son estudiadas mundialmente. Sus trabajos sobre las ondas, expuestos en su libro *Theorie analytique de la chaleur*, (*Teoría analítica del calor*), su trabajo más importante, fue terminado en 1822.

Jean Baptiste Fourier formó parte del ejército de

napoleón que conquistó el norte de África, y se dice que del calor del desierto le vino la pasión por las altas temperaturas.

▶ Ralph Boas (1912-1992) fue un matemático de los que le gustaban ir directamente a trabajar sin ser interrumpido. En la época que dirigió el departamento de matemáticas de la Universidad Northwestern, en Estados Unidos, Boas entraba a su despacho por la ventana después de subir por la escalera de incendios para así evitar toparse con gente que le pudiera entretener y ponerse inmediatamente a trabajar.

▶ Hacia finales de 1959 el matemático John Nash llegó un día al MIT (Massachussetts Institute of Technology) afirmando haber descifrado el título de cabecera del *New York Times* de ese día. Había comenzado a convencerse de que había significados ocultos en todo cuanto veía o percibía, normalmente de tipo numérico. Y comenzó a buscarlos obsesivamente.

Además de esta obsesión Nash sufría contantes alucinaciones, como la de haber sido coronado rey de la Antártica por extraterrestres, o verse a sí mismo como una figura mesiánica. Aseguró que la cara de Juan XXIII que salía en la portada de la revista *Life* era, en realidad, la suya. Explicaba esta peculiaridad en que el Papa había elegido su mismo nombre (John) y el número 23 era su favorito. También pregonaba que el hecho de que "Spain" y "Sinaí" comenzaran las dos con "S" no era porque sí.

Estando en Ginebra, Nash gestionó renunciar a su nacionalidad y obtener certificación de refugiado de todos los pactos, NATO, Varsovia, Medio Oriente, SEATO, etc. De vuelta en Princeton, caminaba por las calles con aire totalmente ausente preocupado por descifrar los "mensajes" que escondían las notas de los periódicos y refiriéndose a sí mismo como a una tercera persona.

Fue internado, su mujer se divorció, pero luego volvió con él. Con el tiempo, y después de varios tratamientos psiquiátricos, el nivel de las "voces" que hablaban en su cabeza fue disminuyendo. También desaparecieron los miedos al Día del Juicio Final, al Genocidio, el creer estar en El Cairo, en Mongolia o en un campo de concentración. Volvió a las matemáticas. Luego recibió el premio Nobel por un trabajo de su juventud.

> "No me atrevería a decir que hay una relación directa entre las matemáticas y la locura, pero es indudable que los grandes matemáticos tienes características maniáticas". (John Nash)

▶ El matemático Stefan Bergman (1895-1977) comparte con muchos de sus colegas la condición de extremo despiste. Estaba una vez en una playa del norte de California con unos amigos. En esa zona las playas son frías, por lo que al salir del agua Bergman decidió cambiarse de ropa. Al dirigirse al aparcamiento donde habían dejado el coche, sus amigos vieron que se encaminaba en la dirección equivocada. Pero como estaban acostumbrados a este tipo de errores, no se preocuparon. Ya encontraría el coche. Al rato Bergman regresó. pero obviamente no llevaba su propia vestimenta. Y se quejó: "Sabéis, hay una mujer de lo más antipática en nuestro coche".

Este matemático de origen polaco gustaba de proclamar su habilidad con los idiomas. Una vez tradujo una presentación de tres horas de un matemático visitante ruso, al término de la cual proclamó orgulloso: "I speak seven languages, English the bestest." (Nótese que best es el superlativo y el –est está de más). En otra ocasión, cuando en la Universidad de Standford acudió el matemático Waclaw Sierpinski, éste habló en francés, un francés quebrado pero de fácil entendimiento para la audiencia americana. Entonces Bergman insistió en traducir lo que decía Sierpinski al inglés, lo que hizo que la audiencia no entendiera casi nada.

Bergman estaba una vez hablando su compatriota Antoni Zygmund, Hablaban, obviamente, en polaco, hasta que Zygmund le dijo: "Por favor, hablemos en inglés. Es mejor para mí".

▶ El matemático R.L. Moore tenía una serie de manías que hacía difícil ser su alumno. Jamás ayudaba a sus alumnos a crear una prueba, pero respondía a cualquier pregunta que se le hiciera. Opinaba que el alumno debe "poseer" las matemáticas y para ello nada mejor que no leer nada de esa materia, por lo que prohibió a sus alumnos leer ningún libro o trabajo matemático. Si encontraba a uno de sus alumnos en la biblioteca consultando libros, lo echaba (literalmente) por la puerta. Quería que los alumnos aprendieran matemáticas desde cero, sin ayuda, que las crearan casi *ex nihilo*.

Su carácter también era difícil de llevar. Si un alumno cometía un error en el encerado, lo escarnecía delante de todos; si lo hacía bien, le daba una simple felicitación.

Moore, en el tiempo en que fue miembro del departamento de matemáticas de la Universidad de Texas, convenció a los otros miembros de que era un gasto inútil comprar libros de matemáticas. Hizo que todos los libros importantes de esta materia fueran retirados de los anaqueles para que ningún alumno pudiera consultarlos (ya hemos dicho que lo tenían prohibido). Al final fue obligado a retirarse, pues una universidad que ya tenía más de 30.000 alumnos no podía plegarse a las rarezas bibliográficas, y otras, de Moore.

Una manera aristocrática de enseñar matemáticas

Se hizo célebre la manera que tenía de dar clases el matemático húngaro Frigyes Riesz (1880-1956). Riesz entraba en el aula seguido de un profesor asociado y un profesor asistente. El profesor asociado leía a la clase del libro de Riesz y el profesor asistente escribía los símbolos en la pizarra. El profesor Riesz, plantado en medio frente a los alumnos con las manos a la espalda, movía la cabeza sabiamente.

Bibliografía

Los siguientes libros has sido de gran utilidad para la confección de la presente obra:

Agrippa, Cornelio, *La magia de Arbatel*, Siete y media editores, Barcelona 1980

Alsina, Claudi, *El club de la hipotenusa*, Ariel, Barcelona 2008

Ayala, R. R., *Mitología china*, Edicomunicación, Barcelona 1999

Berry, Adrian, La máquina superinteligente, Alianza editorial, Madrid 1986

Bombaugh, C. C., *Oddities and Curiosities of Words and Literature*, Dover Publications, Nueva York 1961.

Boyle, David, *The Sum of our Discontent. Why Numbers Makes us Irracional*, Texere, Nueva York, 2001

Bunch, Bryan, *Mathematical Fallacies and Paradoxes*, Dover Publications, Nueva York 1997

Burger Edward B., & Michael Starbird, Coincidences, *Chaos, and All That Math Jazz*, W.W. Norton And Co., Nueva York 2005

Carroll, Lewis, *Matemática demente*, TusQuets, Barcelona 2006

Carse, James P., *Finite and Infinite Games*, Penguin, New York, 1987

Clawson, Calvin C., *Mathematical Mysteries. The Bueauty and Magic of Numbers,* Perseus Books, Cambridge, Massachusetts, 1999

Cohen, I. B., *El triunfo de los números*, Alianza editorial, Madrid 2008

Dewdney, A. K., *200 % of Nothing. An Eye-Opening Tour through the Twist and Turns of Math Abuse and Innumeracy*, John Wileys and Sons, Nueva York 1993

Dunham, William, *Euler. El maestro de todos los matemáticos*, Nivola libros y ediciones, Madrid 2000

Eastaway, Rob and Wyndham, Jeremy, *Why Do Buses Come in Threes. The Hidden Mathematics of Everyday Life*, John Wiley & Sons, London 1998

Fadiman, Clifton:
> *The Mathematical Magpie*, Simon & Schuster, Nueva York, 1962
> *Fantasia Mathematica*, Simon & Schuster, Nueva York, 1958

García del Cid, Lamberto
> *La sonrisa de Pitágoras*, editorial Debate, Barcelona 2006
> *Numeromanía,* editorial Debate, Barcelona 2009
> *Números notables, RBA editores, Barcelona 2008*

Gardner, Martin:
> *Orden y sorpresa*, Alianza editorial, Madrid, 1987
> *Crónicas marcianas y otros ensayos sobre fantasía y ciencia*, Paidós, Barcelona 1992
> *El ahorcamiento inesperado y otros entretenimientos matemáticos*, Alianza editorial, Madrid, 1991.
> *The Colossal Book of Mathematics: Classic Puzzels, Paradoxes and Problems*, W.W. Norton & Co., New York 2001.

Ghyka, Matila C., *Filosofía y mística del número*, Apóstrofe, Barcelona 1998

Gómez, Joan, *Matemáticas, espías y piratas informáticos. Codificación y criptografía*, RBA editores, Barcelona 2010.

Hardy, G. H., *Apología de un matemático*, Nivola libros y ediciones, Madrid 1999

Hofstadter, Douglas R.:
 Gödel, Escher. Bach, un Eterno y Grácil Bucle, Tusquets, Barcelona, 1987.
 Metamagical Themas: Questing for the Essence of Mind and Pattern,
      Basic Books, New York, 1985.

Hoffman, Paul, *The Man who Loved only Numbers*, Hyperion, Nueva York 1998

Ifrah, Georges, *Historia universal de las cifras*, Espasa Calpe, Madrid 2002

Joutte, André, *El secreto de los números*, Robinbook, Barcelona 2000

Khlebnikov, Velimir, *The King of Time, Selected writings of the Russian Futurian*, Harvard University Press, 1990

Kordemsky, Boris A., *The Moscow Puzzles*, Dover Publications, Nueva York 1992

Krantz, Steven G., *Mathematical Apocrypha: Stories and Anecdotes of Mathematicians and the Mathematical*, The Mathematical Association of America, 2002

Leibniz, G. W., *Antología*, Círculo de lectores, Barcelona 1997

Martín Casalderrey, Francisco, *Las matemáticas en el renacimiento italiano*, Nivola libros y ediciones, Madrid 2000

Muir, Jane, *Of Men and Numbers. The Story of the Great Mathematicians*, Dover Publications, NY, 1996

Odifreddi, Piergiorgio, *Juegos matemáticos ocultos en la literatura*, Octaedro, Madrid 2007

Ortoli, S y Witkowski, N, *La bañera de Arquímedes. Pequeña mitología de la ciencia*, Espasa Calpe, Madrid 1999

Pappas, Theoni:
> *Fractals, Googols and Other Mathematical Tales*, Tetra, San Carlos, CA, 1997
> *Matemáticasl Scandals*, Wide World Publishing, Tetra, San Carlos, CA, 1997

Paulos, John Allen:
> *Pienso, luego río*, Cátedra, Madrid 1994
> *El hombre anumérico*, Tusquets, Barcelona, 1998
> *A Mathematician Reads the Newspaper*, Doubleday, New York 1992

Penrose, Roger:
> *The Emperor's New Mind*, Vintage, Londres 1990
> *The Large, The Small and the Human Mind*, Cambridge University Press, Cambridge 1997

Pickover, Clifford A., *Strange Brains and Genius. The Secret Lives of Eccentric Scientist and Madmen*, Quill, New York 1999

Poundstone, William:
> *El dilema del prisionero*, Alianza editorial, Madrid 1995
> *Labyrinths of Reason*, Anchor Books, New York 1990

Rey Pastor, Julio y Bambini, José, *Historia de la matemática*, vol. 1 y 2, Editorial Gedisa, Barcelona 2000

Rota, Gian Carlo, *Indiscrete Thoughts*, Birkhäuser, Boston, 1998

Rucker, Rudy, *Infinity and the Mind*, Penguin, Londres 1997

Schott, Ben, *Miscelánea original de Schott*, El Apeph editores, Barcelona 2006

Seife, Charles, *Zero. The Biography of a Dangerous Idea*, Penguin, Nueva York 2000.

Stewart, Ian, *From Here to Infinity. A Guide to Today's Mathematics*, Oxford University Press, London 1996

Tahan, Malba, *The Man who Counted*, Canongate Press, Edimburgh, 1995

Torrecillas Jover, Blas, *Fermat. El mago de los números*, Nivola libros y ediciones S. L., Madrid 1999

Thuiller, Pierre, *De Arquímedes a Einstein, tomo I y II*, Alianza editorial, Madrid 1990

Underwood, Dudley, *Numerology, or What Pythagoras Wrought*, The Mathematical Association of America, Washington 1997

Varios autores:
> *Penguin Dictionary of Mathematics, The*, Edited by David Nelson, Penguin Books, London 1998.
> *Pensar la matemática*, Tusquets, Barcelona 1996

Wells, David, *The Penguin Dictionary of Curious and Interesting Numbers*, Penguin, London 1997

Wiener, Norbert:
> *Inventar*, Tusquets, Barcelona 1995
> *Cybernetics*, The MIT Press, Cambridge, Massachusetts, 1999

Zaragoza/03.01.2026

www.ingramcontent.com/pod-product-compliance
Lightning Source LLC
Chambersburg PA
CBHW021811170526
45157CB00007B/2549